Heike Homrighausen

Klett

KomplettTrainer

Mathematik 6. Klasse

Gymnasium Der **komplette** Lernstoff

Klett Lerntraining

Heike Homrighausen ist Gymnasiallehrerin für die Fächer Mathematik und Informatik, in der Lehreraus- und -weiterbildung tätig und Autorin von Lehrwerken und Lernhilfen.

Bildquellen:
Getty Images, München: 44 (mphillips007); 63 (Peter Dazeley); 67 (DonNichols); 139 (studiocasper); 141 (Tara Moore); Jähde, Steffen, Sundhagen: 29.1, 29.2, 29.3, 46, 91, 106, 145; Klett-Archiv, Stuttgart: 90, 105; Martin Lay, Breisach a. Rh.: 18; Shutterstock, New York: 98, 99, 102, 103 (phoelixDE); U1 (morrowlight); 13 (ARCHITECTEUR)

Bibliografische Information der Deutschen Nationalbibliothek
Die Deutsche Nationalbibliothek verzeichnet diese Publikation in der Deutschen Nationalbibliografie; detaillierte bibliografische Daten sind im Internet über http://dnb.dnb.de abrufbar.

3. Auflage 2023

www.klett-lerntraining.de, kundenservice@klett-lerntraining.de

Der Zugriff auf das Online-Angebot ist bis drei Jahre nach Ersterscheinen des Buches gewährleistet.

Satz: DTP-Studio Andrea Eckhardt, Göppingen
Druck: Gebr. Geiselberger GmbH, Altötting
Printed in Germany
ISBN 978-3-12-927579-5

Inhalt

Inhalt

So übst du mit diesem Buch

Liebe Schülerin, lieber Schüler,

der KomplettTrainer Mathematik Gymnasium 6. Klasse ist genau das Richtige für dich, wenn du den Lernstoff wiederholen, üben und deinen Lernstand testen willst.

Alle Kapitel sind gleich aufgebaut, so findest du dich schnell zurecht. Gehe am besten so vor:

1. Suche dir aus dem Inhaltsverzeichnis das Thema heraus, das du wiederholen möchtest.
2. Sieh dir zuerst an, was im Wissenskasten WISSEN steht. Wir haben für dich wichtige Regeln und Merksätze mit Beispielen zusammengestellt. Wenn du in dem Thema schon fit bist, genügt dir sicher ein kurzer Blick. Bist du unsicher, lies die Erklärungen genau durch.
3. Mit den (unterschiedlich schwierigen) Übungsaufgaben kannst du jetzt üben, üben, üben. Schwierige Aufgaben haben wir mit einem Sternchen * versehen.
   Mit den ausführlichen Lösungen am Ende des Buches überprüfst du deine Ergebnisse.
   Wenn du eine Abwechslung brauchst oder lieber am Computer lernst, übe einfach online weiter. Wo du die Online-Übungen findest, erfährst du auf der nächsten Seite.
4. Hast du ein Kapitel durchgearbeitet, mache den **TEST** am Kapitelende. Vermischte und übergreifende Aufgaben überprüfen deinen Kenntnisstand. Vergleiche deine Ergebnisse mit den Lösungen und gib dir Punkte.
5. Mithilfe der Checkliste ✓ siehst du dann sofort, was du gut gelernt hast. Du kannst dort auch ablesen, welche Themen und Aufgaben du wiederholen solltest.

Gehe auf die Seite **www.klasse5bis10.klett-lerntraining.de**.

Dort kannst du alle passenden Online-Übungen zum KomplettTrainer Mathematik 6. Klasse mit und ohne Anmeldung nutzen.
Bitte beachte: Wenn du dich nicht anmeldest, kann dein Lernstand der Übungen nicht gespeichert werden.

Wähle die Reihe **KomplettTrainer** und dann **Mathematik 6. Klasse** aus. Du erhältst eine Übersicht über alle Kapitel, zu denen es **Online-Übungen** gibt.

Jetzt kannst du eine Übungseinheit auswählen und bearbeiten.

Viel Erfolg wünschen dir deine Autoren und das Team von Klett Lerntraining.

Mit deinem Lernplan behältst du immer den Überblick!
Für jedes Kapitel kannst du hier abhaken, was du im Buch oder online bereits erledigt hast.

Mein Lernplan

		Übungen im Buch	Übungen online	Abschlusstest im Buch
1	Rationale Zahlen			
2	Rationale Zahlen addieren und subtrahieren			
3	Rationale Zahlen multiplizieren und dividieren			
4	Rechnen mit negativen Brüchen			
5	Kreise und Winkel			
6	Daten erfassen, darstellen und interpretieren			
7	Abhängigkeiten zwischen Größen			

1 Rationale Zahlen

1.1 Brüche und Anteile

Es gibt viele Möglichkeiten, Anteile zu beschreiben. Du kennst schon $\frac{3}{4}$ oder $\frac{1}{2}$ oder du sagst zum Beispiel „3 von 5“. Solche Anteile nennt man auch Brüche. Hier trainierst du

› Anteile als Bruch zu schreiben und
› Brüche darzustellen.

WISSEN

Was ist ein Bruch?

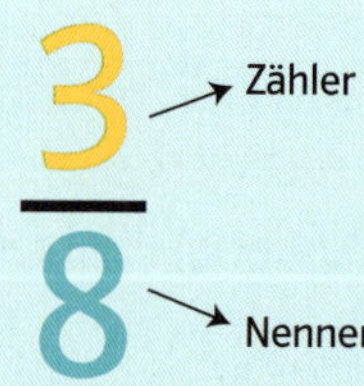

Brüche beschreiben den **Anteil an einem Ganzen**. Ein Bruch besteht aus **Zähler**, **Bruchstrich** und **Nenner**. Der Zähler zählt die Teile, der Nenner nennt dir, aus wie vielen gleich großen Teilen das Ganze besteht.

$\frac{3}{8}$ bedeutet: Teile das Ganze in acht gleich große Teile und nimm drei davon.

Es gibt:

- **echte Brüche**: Der Zähler ist kleiner als der Nenner.
- **Stammbrüche**: Der Zähler ist immer 1.
- **unechte Brüche**: Der Zähler ist größer als der Nenner. Du kannst einen unechten Bruch als gemischte Zahl schreiben.

Beispiele:

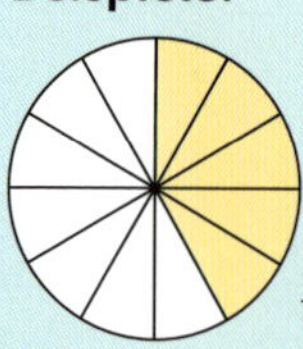

$\frac{5}{12}$

a) So kannst du Anteile bestimmen:
   1. Zähle oder miss **alle hervorgehobenen Teile**. Sie kommen in den **Zähler**.
   2. Zähle **alle** Teile oder miss das **ganze** Stück. Die Zahl schreibst du in den **Nenner**.

Beachte: Alle Teile müssen gleich groß sein!

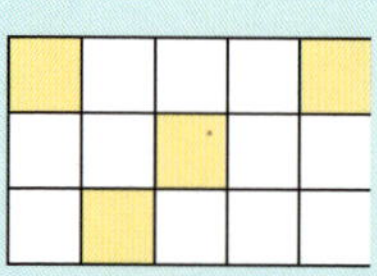

b) So kannst du $\frac{4}{15}$ darstellen:
   1. **Unterteile** die Figur in so viele **gleich große Teile**, wie im **Nenner** stehen, also 15.
   2. **Färbe** so viele Teile, wie im Zähler angegeben sind, also 4.

1

Welche Anteile sind gefärbt? Schreibe als Bruch und in Worten.
Gib an, welcher Anteil dann nicht gefärbt ist.

a)

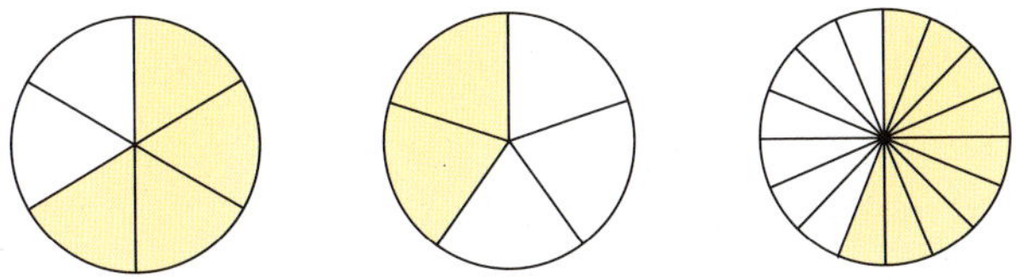

b)

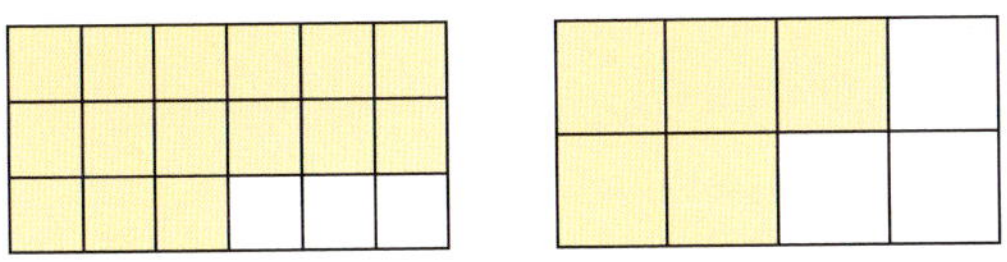

c)

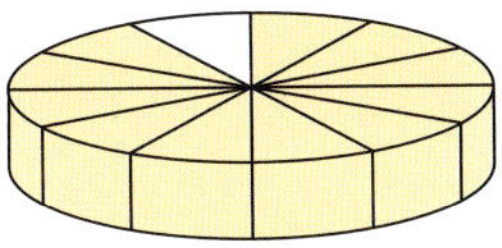

2

Stelle die Brüche auf Karopapier bildlich dar. Wähle günstige Maße.

a) $\frac{3}{4}$; $\frac{3}{12}$; $\frac{5}{6}$; $\frac{2}{3}$ als Teil eines Kreises

b) $\frac{3}{8}$; $\frac{15}{16}$; $\frac{4}{5}$; $\frac{2}{7}$; $\frac{2}{3}$ als Teil eines Rechtecks

c) $\frac{1}{4}$; $\frac{3}{5}$; $\frac{4}{10}$; $\frac{4}{9}$; $\frac{3}{13}$ als Teil einer Strecke

3 ★

Hier sind Bruchteile eines Ganzen dargestellt. Übertrage die Teile auf ein Blatt Papier und ergänze die Teile jeweils zur ganzen Figur.

a) $\frac{1}{4}$

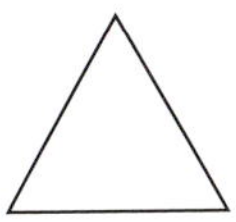

b) $\frac{2}{3}$

c) $\frac{1}{2}$

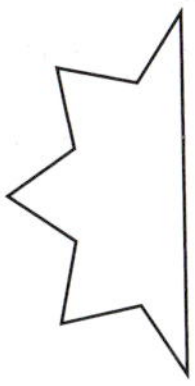

4 ★

Überprüfe, ob die Darstellungen der Brüche richtig sind, und korrigiere sie.
Erkläre, was an den fehlerhaften Darstellungen falsch ist.

a) $\frac{1}{3}$

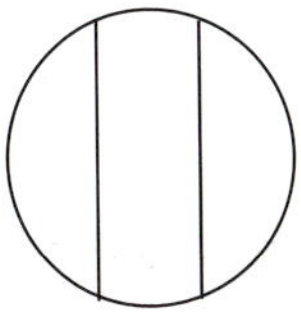

b) $\frac{5}{16}$

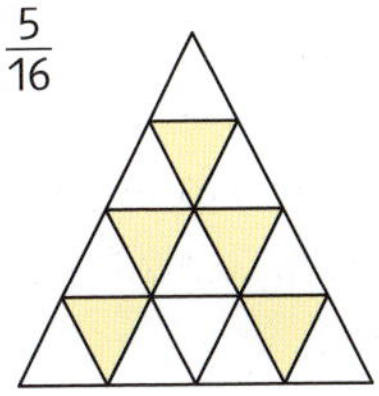

c) $\frac{6}{8}$

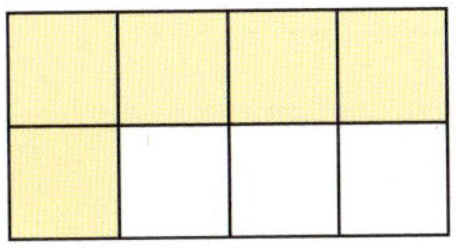

1.2 Brüche und gemischte Zahlen

Ein Fußballspiel mit Halbzeit dauert $1\frac{3}{4}$ Stunden, ein Kinofilm kann $2\frac{1}{4}$ Stunden dauern. Gemischte Zahlen kommen im Alltag häufig vor. Deshalb übst du hier, Brüche in gemischte Zahlen umzuwandeln und umgekehrt.

WISSEN

Brüche als Quotienten natürlicher Zahlen

Beachte: $\frac{2}{0}$ geht nicht, da durch 0 nicht geteilt werden darf!

Statt „3 von 4" oder $3 : 4$ kannst du auch $\frac{3}{4}$ schreiben. Der **Bruchstrich** bedeutet also nichts anderes als **Dividieren**.
So werden ganze Zahlen als Quotienten mit dem Nenner 1 geschrieben, auch Quotienten mit dem Zähler 0 kannst du als Bruch schreiben.

Beispiele: $\frac{5}{4} = 5 : 4$; $5 = 5 : 1 = \frac{5}{1}$; $0 : 3 = \frac{0}{3}$

Was ist eine gemischte Zahl?

Eine gemischte Zahl besteht aus einer ganzen Zahl und einem Bruch, z.B. $1\frac{1}{2}$; $5\frac{1}{6}$; $2\frac{3}{4}$ oder $3\frac{4}{5}$.

So wandelst du eine gemischte Zahl in einen Bruch um

Multipliziere die ganze Zahl mit dem Nenner und addiere dann den Zähler. Das Ergebnis schreibst du in den Zähler, den Nenner behältst du bei.

Beispiel:

$2\frac{1}{4}$ bedeutet 2 Ganze und 1 Viertel.

Also gilt:

$2\frac{1}{4} = \frac{2 \cdot 4 + 1}{4} = \frac{9}{4}$

So wandelst du einen Bruch in eine gemischte Zahl um

Teile den Zähler durch den Nenner. Die Ganzen schreibst du vor den Bruch. Der Rest kommt in den Zähler, den Nenner behältst du bei.

Beispiel:

$\frac{17}{5}$ sollen umgewandelt werden.

Rechne so:

$17 : 5 = 3$ Rest 2, also gilt:
$\frac{17}{5} = 3\frac{2}{5}$

5
Schreibe als Bruch. Kürze, wenn möglich.

a) $3\frac{1}{2}$ b) $5\frac{3}{5}$ c) $7\frac{7}{9}$ d) $10\frac{4}{8}$

e) $8\frac{7}{15}$ f) $2\frac{25}{100}$ g) $13\frac{2}{3}$ h) $6\frac{10}{12}$

6
Verteile gerecht.

a) Drei Kinder teilen sich vier Tafeln Schokolade.

b) Für 12 Kinder gibt es neun Brötchen.

c) Vier Kinder teilen sich sechs Äpfel.

7
Wandle die Brüche in gemischte Zahlen um.

a) $\frac{7}{3}$ b) $\frac{5}{2}$ c) $\frac{27}{10}$ d) $\frac{45}{4}$

e) $\frac{43}{5}$ f) $\frac{29}{6}$ g) $\frac{39}{7}$ h) $\frac{73}{8}$

8 ★
Dividiere schriftlich und wandle die Brüche in gemischte Zahlen um.

a) $\frac{133}{16}$ b) $\frac{654}{23}$ c) $\frac{765}{35}$ d) $\frac{8452}{62}$

9
Schreibe als gemischte Zahl und als Bruch.

a)
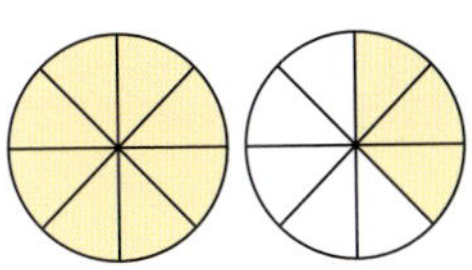

b)
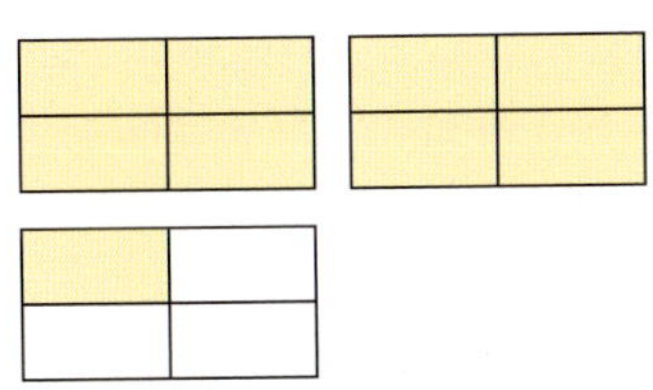

c)
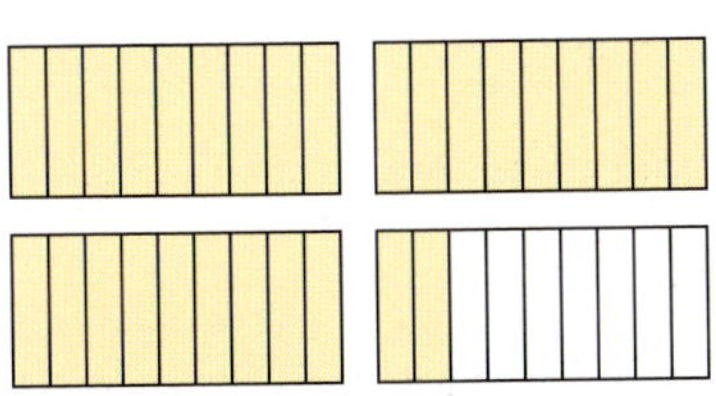

d)
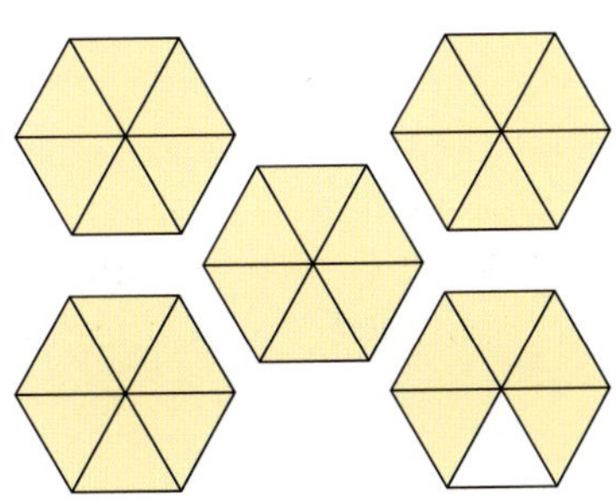

1.3 Bruchteile von Größen

Oft findest du Brüche in Verbindung mit Maßeinheiten z. B. $\frac{1}{2}$ kg, $\frac{3}{4}$ h oder aber auch $\frac{2}{3}$ von 24 Schülern.
Hier übst du, wie du Bruchteile von Größen berechnen kannst.

WISSEN

So berechnest du Bruchteile von Größen

Du bestimmst einen Anteil des Ganzen, indem du das Ganze durch den Nenner teilst und mit dem Zähler multiplizierst. Denke daran, dass du zuerst manche Größen **in die kleinere Maßeinheit umwandeln** musst.

*Umrechnungszahl bei **Gewichten** ist immer **1000**!*

1000 mg = 1 g
1000 g = 1 kg
1000 kg = 1 t

$\frac{1}{2}$ bedeutet: Teile das Ganze durch 2 und nimm 1 Teil.

$\frac{3}{4}$ bedeutet: Teile das Ganze durch 4 und nimm 3 Teile.

Beispiele:

$\frac{1}{2}\,\text{kg} = \underbrace{1000\,\text{g} : 2}\cdot 1$
$= 500\,\text{g} \cdot 1 = 500\,\text{g}$

$\frac{3}{4}\,\text{h} = \underbrace{60\,\text{min} : 4}\cdot 3$
$= 15\,\text{min} \cdot 3 = 45\,\text{min}$

*Umrechnungszahl bei **Flächenmaßen** ist immer **100**!*

100 mm² = 1 cm²
100 cm² = 1 dm²
100 dm² = 1 m²
100 m² = 1 a
100 a = 1 ha
100 ha = 1 km²

Beispiele:
Wandle die Größen so um, dass du natürliche Maßzahlen erhältst.

a) $\frac{2}{3}$ von 24 Schülern

So musst du rechnen:
$\underbrace{24\ \text{Schüler} : 3}\cdot 2$
$= 8\ \text{Schüler} \cdot 2 = 16\ \text{Schüler}$

b) $\frac{6}{10}$ von 4 a

So musst du rechnen: $4\,\text{a} = 400\,\text{m}^2$
$\underbrace{400\,\text{m}^2 : 10}\cdot 6$
$= 40\,\text{m}^2 \cdot 6 = 240\,\text{m}^2$

10
Schreibe auf, wo dir schon überall Brüche begegnet sind, und übersetze alle Angaben so, dass keine Brüche mehr auftauchen.
Beispiel: Die Tagesschau dauert eine $\frac{1}{4}$ Stunde, also 15 Minuten.

11

Gib die folgenden Größen ohne Bruch an.

a) $\frac{1}{2}$ km; $\frac{3}{4}$ m; $\frac{1}{10}$ dm

b) $\frac{1}{2}$ h; $\frac{3}{4}$ h; $\frac{1}{3}$ h

c) $\frac{7}{8}$ kg; $\frac{1}{4}$ t; $\frac{4}{5}$ g

d) $\frac{1}{20}$ m^2; $\frac{3}{50}$ dm^2; $\frac{2}{8}$ ha

*Umrechnungszahl bei **Längen** ist immer **10**!*
10 mm = 1 cm
10 cm = 1 dm
10 dm = 1 m
[10 m = 1 dam]
[10 dam = 1 hm]
[10 hm =] 1000 m = 1 km
[Die Bezeichnung dam = Dekameter und hm = Hektometer werden normalerweise nicht verwendet.]

12 ★

Wandle die Größen so um, dass du Brüche erhältst.
Erkläre, wie du vorgehen musst.

a) 5 cm; 1 dm; 250 m

b) 375 g; 750 kg; 200 mg

13

Leonardo da Vinci (1452–1519) beschreibt die idealen Maße des Menschen so: „Die gesamte Hand entspricht einem Zehntel der Körpergröße. Der Fuß macht den siebenten Teil der Größe eines Menschen aus. Vom Kinn bis zum Scheitel ist es ein Achtel. Die Entfernung von der Kinnspitze bis zur Nase und vom Haaransatz zu den Augenbrauen ist immer die gleiche und entspricht, wie das Ohr, einem Drittel des Gesichtes."
Miss deine Körpergröße. Berechne damit, wie lang deine Hände, deine Füße, dein Gesicht oder deine Ohren nach da Vinci sein müssten.

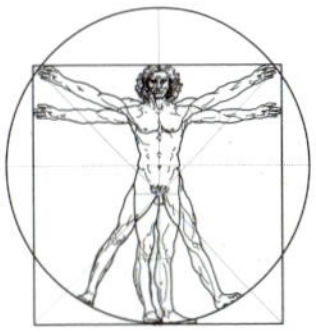

14 ★

„Die letzte Mathearbeit ist miserabel ausgefallen", jammert der Lehrer. „Mehr als zwei Drittel haben eine Vier oder schlechter geschrieben."

Note	1	2	3	4	5	6
Schüler	1	3	6	7	5	2

Hat der Lehrer Recht? Begründe.

15 ★

Jonas schneidet die Spitze des Dreiecks ab.
Bestimme, welcher Anteil ihm jetzt fehlt.

Tipp: Den Flächeninhalt eines Dreiecks berechnest du mit $A_{Dreieck}$ = Grundseite · Höhe : 2.

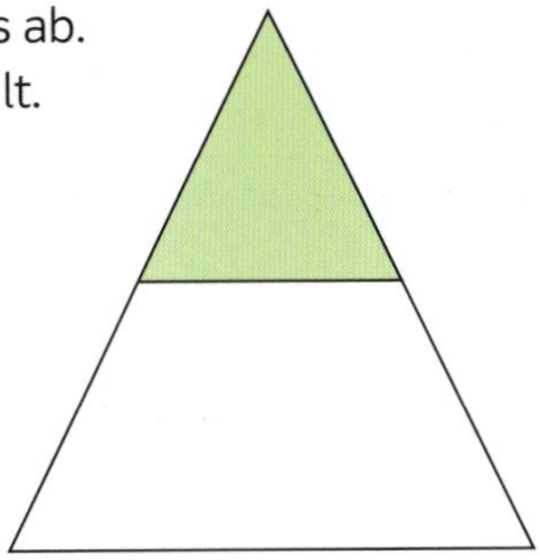

1.4 Brüche erweitern und kürzen

Verschiedene Brüche können denselben Anteil beschreiben. So ist

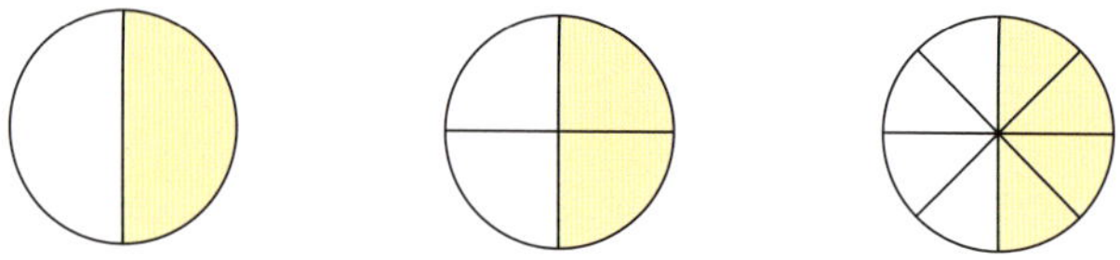

$$\frac{1}{2} = \frac{2}{4} = \frac{4}{8}$$

Hier übst du, wie du durch Erweitern und Kürzen verschiedene Brüche erhältst, die den gleichen Wert haben.

WISSEN

So kannst du Brüche erweitern und kürzen

Merke: Einen vollständig gekürzten Bruch kannst du nicht weiter kürzen!

Beim **Erweitern** musst du Zähler und Nenner mit der gleichen, von 0 verschiedenen Zahl **multiplizieren.**
Anschaulich bedeutet Erweitern, dass der gefärbte Teil gleich groß bleibt, dass du aber eine feinere Unterteilung einzeichnen musst.

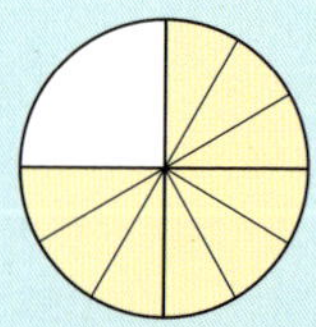

$$\frac{3}{4} = \frac{3 \cdot 3}{4 \cdot 3} = \frac{9}{12}$$

Beim **Kürzen** musst du Zähler und Nenner durch die gleiche, von 0 verschiedene Zahl **dividieren.**
Kürzen bedeutet anschaulich, dass der gefärbte Teil gleich groß bleibt, dass du aber eine gröbere Unterteilung einzeichnen musst.

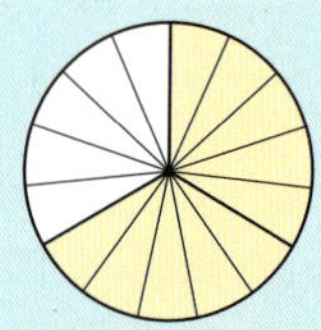

$$\frac{10}{15} = \frac{10:5}{15:5} = \frac{2}{3}$$

Beispiele:

a) Erweitere $\frac{2}{9}$ mit 5.

Multipliziere Zähler **und** Nenner mit 5:
$\frac{2 \cdot 5}{9 \cdot 5} = \frac{10}{45}$

b) Kürze $\frac{28}{42}$ vollständig.

Hier kannst du schrittweise vorgehen:
$\frac{28}{42} = \frac{28:2}{42:2} = \frac{14}{21} = \frac{14:7}{21:7} = \frac{2}{3}$

16

Erweitere die Brüche jeweils mit 2, 3, 5, 6, 10.

a) $\frac{1}{4}$ b) $\frac{3}{2}$ c) $\frac{4}{7}$ d) $\frac{6}{11}$

mit Online-Übungen

17

Erweitere die Brüche auf den angegebenen, gemeinsamen Nenner.

a) Nenner 16: $\frac{1}{2}$; $\frac{3}{4}$; $\frac{2}{1}$; $\frac{5}{8}$ b) Nenner 20: $\frac{3}{10}$; $\frac{2}{5}$; $\frac{3}{4}$; $\frac{3}{2}$

18

Gib an, mit welchen Zahlen du die Brüche jeweils kürzen kannst und kürze dann schrittweise.

a) $\frac{4}{16}$ b) $\frac{15}{60}$ c) $\frac{20}{80}$ d) $\frac{21}{28}$

19

Kürze vollständig.

a) $\frac{4}{16}$ b) $\frac{16}{20}$ c) $\frac{40}{60}$ d) $\frac{36}{48}$

20 ★

Hier sind einige Zahlen verloren gegangen. Ergänze sie.

a) $\frac{3}{4} = \frac{\square}{8}$ b) $\frac{13}{20} = \frac{39}{\square}$ c) $\frac{\square}{24} = \frac{5}{6} = \frac{35}{\square}$

21 ★

a) Schreibe drei Brüche mit dem Zähler 5 auf, die man nicht kürzen kann.

b) Gib einen Bruch an, den du mit den Zahlen 2, 3 und 4 kürzen kannst.

22 ★

Gib an, welche Brüche richtig gekürzt wurden und korrigiere die Aufgaben, die falsch gelöst wurden.

a) $\frac{10}{15} = \frac{3}{2}$ b) $\frac{49}{63} = \frac{7}{9}$ c) $\frac{2}{4} = \frac{0}{2} = 0$

23 ★

Gib an, welche Aussagen wahr oder falsch sind. Korrigiere die falschen Behauptungen.

a) Wenn der Zähler und der Nenner verdoppelt werden, wird der Wert des Bruchs doppelt so groß.

b) Einen echten Bruch mit dem Zähler 1 kann man nicht kürzen.

c) Wenn der Nenner eine ungerade Zahl größer 1 ist, kann man einen Bruch nicht mehr kürzen.

1.5 Brüche und Prozente

Auch die Prozentschreibweise kannst du zur Beschreibung von Anteilen verwenden.
Hier wiederholst du
- Anteile in Prozent auszudrücken und
- prozentuale Anteile zu bestimmen und darzustellen.

WISSEN

Was sind Prozente?

Eine besondere Schreibweise von Anteilen sind Prozente (kurz: %).
Als Prozent bezeichnet man den **Anteil an einem Ganzen in Hundersteln.**
Es ist

$$\textbf{1 Prozent} = 1\,\% = \frac{1}{100} \quad \textbf{und} \quad p\,\% = \frac{p}{100}.$$

Damit du einen beliebigen Anteil in Prozent angeben kannst, musst du ihn zuerst als Bruch mit dem Nenner 100 schreiben.

Was sind Promille?

Den Anteil $\frac{1}{1000}$ kannst du nicht mit dem Nenner 100 schreiben, also auch nicht als Prozentangabe. Doch auch für $\frac{1}{1000}$ gibt es einen Namen.
Es ist

$$\frac{1}{1000} = \textbf{1 Promille} = 1\,‰.$$

Beispiele:

a) Wandle 2 % in einen Bruch um.
1. Schreibe die Prozentzahl in den Zähler und 100 in den Nenner. $2\,\% = \frac{2}{100}$
2. Kürze den Bruch vollständig. $= \frac{1}{50}$

b) Wandle $\frac{7}{20}$ in Prozent um.
1. Erweitere den Bruch so, dass im Nenner 100 steht. $\frac{7}{20} = \frac{7 \cdot 5}{20 \cdot 5}$
2. Der Zähler liefert dir die Prozentzahl. $= \frac{35}{100} = 35\,\%$

WISSEN

So bestimmst du den Anteil in Prozent

Die Schüler einer 6. Klasse wurden nach ihrem Lieblingshobby gefragt. Die Tabelle zeigt das Ergebnis der Umfrage.

Sport	PC	Lesen	TV
12	9	6	3

1. Zähle alle Stimmen zusammen, so erhältst du das Ganze. Diese Zahl muss im Nenner stehen.
2. Schreibe die Anteile als Bruch mit dem Umfrageergebnis im Zähler.
3. Wandle den Bruch in eine Prozentangabe um.

$12 + 9 + 6 + 3 = 30$

Sport: $\frac{12}{30} = \frac{2}{5} = \frac{40}{100} = 40\,\%$

PC: $\frac{9}{30} = \frac{3}{10} = \frac{30}{100} = 30\,\%$

Lesen: $\frac{6}{30} = \frac{1}{5} = \frac{20}{100} = 20\,\%$

TV: $\frac{3}{30} = \frac{1}{10} = \frac{10}{100} = 10\,\%$

So berechnest du Prozentangaben von Größen

Beispiel: Wie viel sind 75 % von 360 €?

1. Wandle die Prozentangabe in einen vollständig gekürzten Bruch um.
   $75\,\% = \frac{75}{100} = \frac{3}{4}$
2. Dividiere die Größe durch den Nenner und multipliziere mit dem Zähler.
   $360\,€ : 4 \cdot 3 = 270\,€$

24

Schreibe als Bruch und kürze, wenn möglich.

a) 5 % b) 60 % c) 70 % d) 85 % e) 200 %

f) 2 ‰ g) 5 ‰ h) 20 ‰ i) 100 ‰ j) 300 ‰

25

Wandle die Brüche in Prozentangaben um und lerne sie auswendig. Da sie häufig vorkommen, kannst du dir viel Rechenarbeit ersparen.

a) $\frac{1}{100}$ b) $\frac{1}{10}$ c) $\frac{1}{2}$ d) $\frac{1}{4}$ e) $\frac{3}{4}$

f) $\frac{1}{5}$ g) $\frac{2}{5}$ h) $\frac{1}{20}$ i) $\frac{1}{25}$ j) $\frac{1}{50}$

26

Schreibe als Prozent.

a) $\frac{17}{100}$ b) $\frac{4}{5}$ c) $\frac{30}{50}$ d) $\frac{40}{200}$ e) $\frac{17}{25}$

27

Welcher Anteil ist gefärbt? Schreibe die Anteile in Prozent.

a) 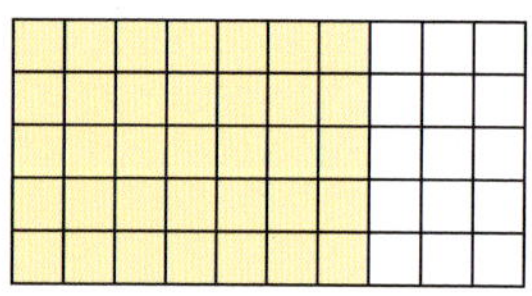

b) 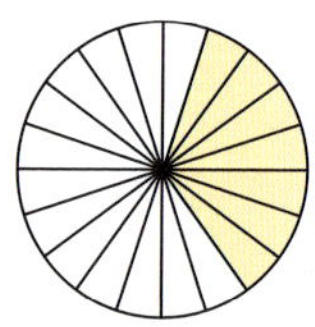

c) 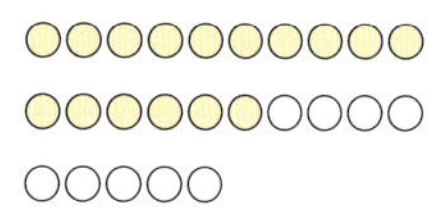

28 ★

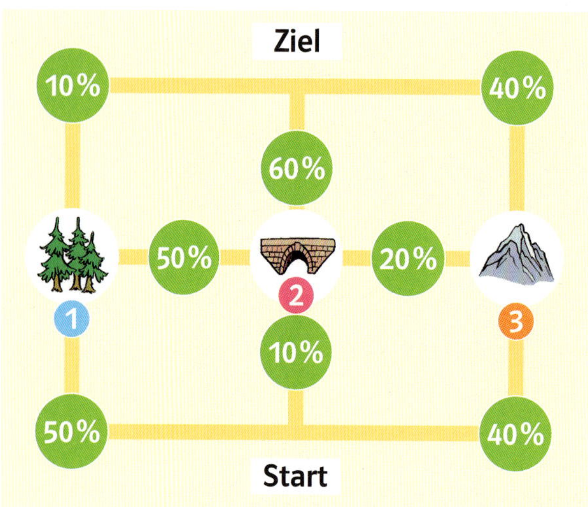

Bea, Lena und Max haben drei Wege zur Wahl. Jeder hat als Startkapital 100 Goldtaler. Unterwegs müssen sie an verschiedenen Zahlstationen einen bestimmten Teil ihres Startkapitals zahlen.
Bea wählt Weg 1 und gelangt direkt durch den Wald zum Ziel, Lena nimmt Weg 2 direkt über die Brücke und Max geht direkt über den Berg.

a) Berechne, welcher Weg der billigste ist.
b) Dirk zahlt noch weniger als die drei. Gib an, welchen Weg er gewählt hat.

29

Die Luft, die du einatmest, ist ein Gemisch aus verschiedenen Gasen, deren Anteile unterschiedlich groß sind. Vergleiche, indem du die Anteile in Prozent umrechnest.

Gas	Edelgase	Kohlendioxid	Sauerstoff	Stickstoff
in 5000 g Luft	50 g	15 g	1050 g	3885 g
Anteil in %				

30

Wie viel sind …? Berechne so weit wie möglich im Kopf.

a) 10 % von 570 g
b) 20 % von 120 €
c) 25 % von 44 m^2
d) 75 % von 4000 m
e) 5 % von 10 €
f) 150 % von 6 €
g) 5 ‰ von 1 kg
h) 2 ‰ von 1000 €
i) 12 % von 200 min

31

Große Rabattaktion! Alle Preise radikal reduziert.
Verbinde die Schilder mit den zugehörigen Geldbeträgen.

~~240 €~~ 25 % billiger

~~250 €~~ 40 % billiger

~~210 €~~ 30 % billiger

150 €

180 €

147 €

32 ★

Jonathan und Samuel beobachten den Verkehr an zwei verschiedenen Straßen. Jonathan zählt in einer Stunde 25 Lastwagen, Samuel 37. Beschreibe, was du noch wissen müsstest, damit du beurteilen kannst, welche Straße stärker mit Verkehr belastet ist.

1.6 Dezimalzahlen (Dezimalbrüche)

Dezimalzahlen (auch Dezimalbrüche oder Kommazahlen) begegnen dir jeden Tag, z. B. beim Bezahlen oder im Sport. Du weißt, dass 0,49 € das Gleiche wie 49 ct sind oder 3,50 m im Weitsprung 350 cm entsprechen. In diesem Kapitel wiederholst du

- Dezimalzahlen in Brüche umzuwandeln und
- Brüche als Dezimalzahlen zu schreiben.

WISSEN

Was sind Dezimalzahlen?

„Dezi" (lat.) bedeutet „Zehntel". Du weißt, dass 1 m = 10 dm ist. Du kannst aber auch sagen: 1 dm = $\frac{1}{10}$ m.

Zahlen in Dezimalschreibweise haben ein Komma. Vor dem Komma stehen die Ganzen, hinter dem Komma die Bruchteile ein Zehntel $\left(\frac{1}{10}\right)$, ein Hundertstel $\left(\frac{1}{100}\right)$, ein Tausendstel $\left(\frac{1}{1000}\right)$ usw.

Deshalb heißen Zahlen in Dezimalschreibweise **Dezimalbrüche** oder **Dezimalzahlen**.
Du kannst Dezimalbrüche in einer Stellenwerttafel veranschaulichen.

Z	E	$\frac{1}{10}$	$\frac{1}{100}$	$\frac{1}{1000}$
	0	1		
1	2	0	6	

↖ hier steht das Komma

$0,1 = \frac{1}{10}$ $\qquad$ $12,06 = \frac{1206}{100}$

So schreibst du eine Dezimalzahl als Bruch

Tipp: Die Anzahl der Nachkommastellen entspricht der Anzahl der Nullen im Nenner.

Zähle die Stellen nach dem Komma. Zwei Stellen nach dem Komma bedeutet Hunderstel. Schreibe die Zahl ohne Komma in den Zähler, im Nenner steht 100. Kürze den Bruch vollständig.

Beispiel: $1,12 = \frac{112}{100} = \frac{28}{25}$

So schreibst du einen Bruch als Dezimalzahl

Beachte: Brüche mit Nennern wie 3, 6, 7, … kannst du so nicht als Dezimalzahl schreiben, weil sie sich nicht auf 10, 100, … erweitern lassen.

Um einen Bruch als Dezimalzahl zu schreiben, musst du ihn so erweitern, dass im Nenner 10, 100, 1000, … steht. Dann trennst du bei der Zahl im Zähler so viele Stellen von rechts mit dem Komma ab, wie Nullen im Nenner sind.

Beispiel: $\frac{3}{4} = \frac{75}{100} = 0,75$

33

Schreibe die Dezimalzahlen als Bruch.

a) 5,72 b) 0,101 c) 21,14 d) 0,093

e) 0,99 f) 2,3456 g) 1,50 h) 0,030

34

Schreibe diese Brüche als Dezimalzahlen und präge sie dir gut ein, du wirst sie häufig verwenden können.

a) $\frac{1}{4}$; $\frac{1}{2}$; $\frac{3}{4}$

b) $\frac{1}{8}$; $\frac{3}{8}$; $\frac{5}{8}$; $\frac{7}{8}$

c) $\frac{1}{5}$; $\frac{2}{5}$; $\frac{3}{5}$; $\frac{4}{5}$

d) $\frac{2}{10}$; $\frac{3}{10}$; $\frac{4}{10}$; $\frac{5}{10}$; $\frac{6}{10}$; $\frac{7}{10}$; $\frac{8}{10}$

Tipp zu d):
Hast du einen Bruch mit einer Zehnerpotenz im Nenner, musst du so viele Stellen hinter das Komma setzen, wie im Nenner Nullen sind.

35

Mithilfe der Brüche kannst du Dezimalzahlen in Prozente umwandeln und umgekehrt. Fülle die leeren Felder aus.

Merke:
$1\,\% = \frac{1}{100} = 0{,}01$

a)

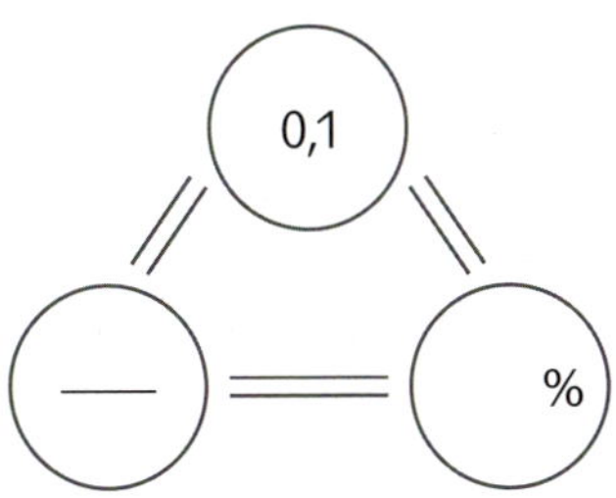

b)

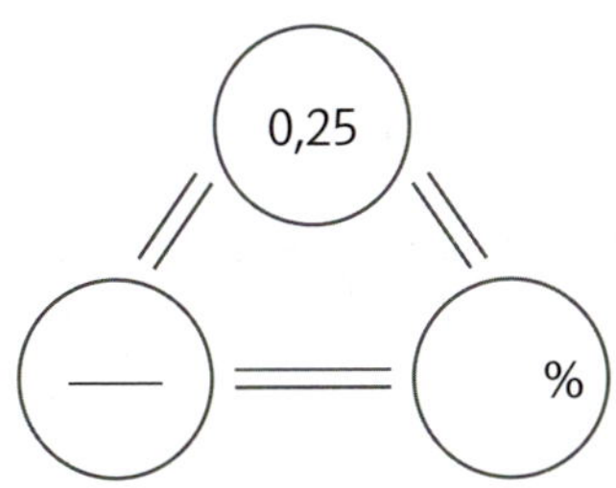

c)

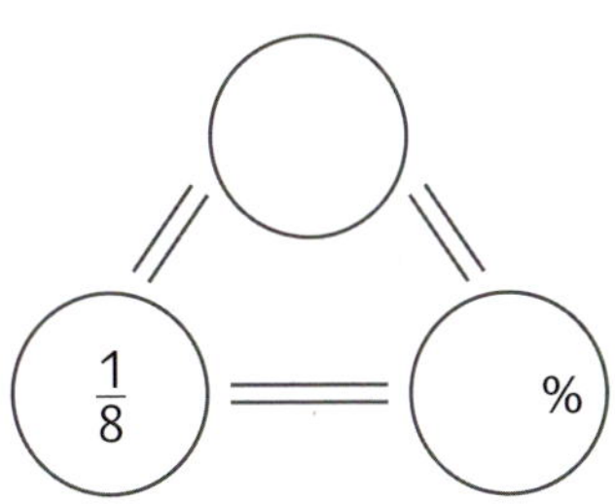

d)

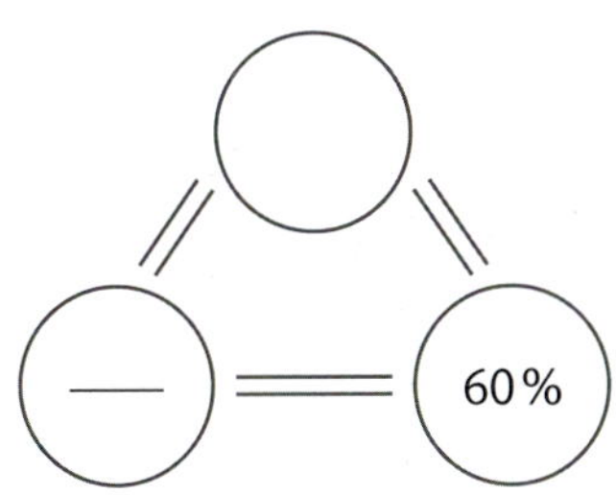

1.7 Dezimalschreibweise bei Größen

Die Dezimalschreibweise begegnet dir jeden Tag. Du bezahlst z. B. 0,69 € für Kaugummi oder springst im Weitsprung 4,05 m. Oft ist das Komma störend oder du musst eine Zahl in eine Kommazahl umwandeln. Deshalb wiederholst du hier

› Größenangaben mit und ohne Komma zu schreiben und
› das Umwandeln von Maßeinheiten.

WISSEN

So kannst du Größen umwandeln

Lücken musst du durch Nullen ersetzen!

Musst du eine Größe in eine **größere Maßeinheit** umwandeln, dann musst du das **Komma nach links** verschieben.
Musst du eine Größe in eine **kleinere Maßeinheit** umwandeln, dann musst du das **Komma nach rechts** verschieben.

Wechselst du in die nächste Einheit, musst du das Komma folgendermaßen verschieben:

- bei **Längen** um **eine** Stelle
- bei **Flächeninhalten** um **zwei** Stellen
- bei **Rauminhalten** um **drei** Stellen
- bei **Gewichten** um **drei** Stellen

Beispiele:
Schreibe in der angegebenen Einheit.

6,9 cm (dm)	größere Einheit, Länge; Komma eine Stelle nach links, also 6,9 cm = 0,69 dm
0,476 a (m^2)	kleinere Einheit, Fläche; Komma zwei Stellen nach rechts, also 0,476 a = 47,6 m^2

So kannst du Größenangaben mit Komma schreiben

***Achtung:** Hier gilt ha → a → m^2, also 4 Stellen*

1. Wandle die Größenangabe zuerst in die kleinere Einheit um.
2. Verschiebe das Komma nach links hinter diejenige Zahl, nach der die größere Einheit stand.

Beispiel:
Schreibe 5 ha 3 m^2 mit Komma.
5 ha 3 m^2 = 50 003 m^2
= 5,0003 ha

36

Vervollständige. Trage von links nach rechts immer die nächstgrößere Einheit ein.

a)

1 000 000 mm^2			

b)

		500 dm		

c)

	200 g	

37

Schreibe in der nächstgrößeren Einheit.

a) 2 cm b) 35 g c) 3,1 mm^2 d) 732 dm^2
e) 4,5 a f) 7,05 mm g) 270 ml h) 5 ct

38

Schreibe in der nächstkleineren Einheit.

a) 0,72 € b) 0,2 a c) 1,75 dm^3 d) 0,875 l
e) 0,03 m f) 2,08 kg g) 2,1 m^3 h) 0,701 km^2

39

Schreibe in der in Klammern angegebenen Einheit.

a) 8,02 a (m^2) b) 37,9 cm^3 (dm^3) c) 12,13 km (m)
d) 83 cm^3 (l) e) 0,61 ha (m^2) f) 15 mm (m)

40

Schreibe ohne Komma.

a) 1,7 dm b) 5,1 ha c) 2,7 t d) 0,31 m
e) 0,05 dm^3 f) 2,99 € g) 1,75 l h) 0,02 km

41

Schreibe mit Komma.

a) 5 ha 93 a b) 2 l 150 ml c) 1 kg 375 g d) 5 m^3 2 dm^3
e) 72 m^2 5 dm^2 f) 2 t 7 kg g) 25 € 9 ct h) 42 dm 5 mm

1.8 Eigenschaften von rationalen Zahlen

Brüche sind Zahlen, mit denen man rechnen kann. Sie besitzen sogar Eigenschaften, die die ganzen Zahlen nicht besitzen.
Deshalb wiederholst du hier
- Brüche und Dezimalzahlen auf der Zahlengeraden darzustellen und
- Eigenschaften von Brüchen anzuwenden.

WISSEN

Was sind rationale Zahlen?

Die Menge aller **rationalen Zahlen** (auch **Bruchzahlen** genannt) bezeichnet man mit $\mathbb{Q}$. Dazu gehören die **natürlichen Zahlen** $\mathbb{N} = \{0, 1, 2, 3, \ldots\}$, die **ganzen Zahlen** $\mathbb{Z} = \{\ldots, -2, -1, 0, 1, 2, \ldots\}$ und die **Brüche**.

Auch natürliche Zahlen kannst du unterschiedlich schreiben, z. B. bezeichnen 100 und 10^2 dieselbe Zahl.

Brüche, die durch Erweitern und Kürzen auseinander hervorgehen, benennen denselben Anteil und bezeichnen deshalb dieselbe Bruchzahl.

Beispiel: $\frac{1}{4} = \frac{2}{8} = \frac{4}{16}$

Wo liegen die Brüche auf der Zahlengeraden?

__Unechter Bruch__ Der Zähler ist größer als der Nenner.

Wie die ganzen Zahlen kannst du auch Bruchzahlen auf einer Zahlengeraden eintragen. Jedem echten Bruch kannst du seinen Platz zwischen 0 und 1 zuordnen. Dazu musst du das Intervall von 0 bis 1 in so viele gleich große Teile zerlegen wie im Nenner angegeben.
Brüche, die denselben Anteil benennen, gehören zu demselben Punkt.
Unechte Brüche liegen rechts von der 1.
Außerdem kannst du zu jedem Bruch seine Gegenzahl eintragen.

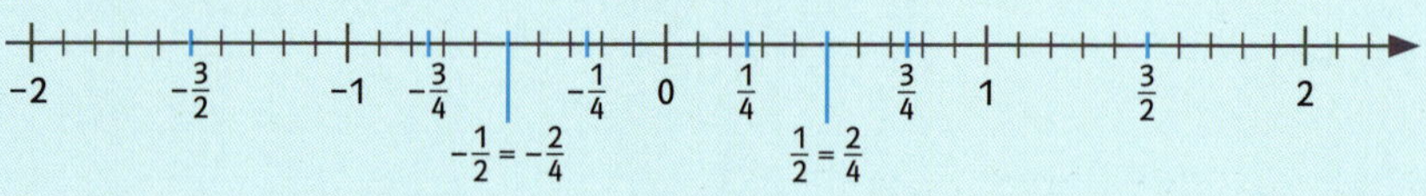

Welche Eigenschaften haben die Bruchzahlen?

Zwischen zwei verschiedenen Bruchzahlen auf dem Zahlenstrahl liegen beliebig viele weitere Brüche. Man sagt, die Bruchzahlen liegen **dicht**.

42

Ordne jedem Buchstaben einen vollständig gekürzten Bruch und die zugehörige Dezimalzahl zu. Ordne anschließend nach der Größe.

$\frac{7}{8}$ | 0,875 | N $\frac{49}{56}$ | $\frac{3}{5}$ | 0,8 | $\frac{4}{5}$

$\frac{3}{8}$ | L $\frac{9}{12}$ | 0,5 | E $\frac{20}{25}$ | H $\frac{18}{30}$ | Z $\frac{18}{48}$

$\frac{3}{4}$ | A $\frac{9}{18}$ | 0,375 | 0,75 | $\frac{1}{2}$ | 0,6

43

Zeichne eine Zahlengerade von −1 bis 1 (Länge 10 cm) und trage folgende Zahlen ein: $\frac{3}{5}$; $-\frac{1}{2}$; $\frac{19}{20}$; $\frac{1}{4}$; −0,7

44

Zeichne jeweils eine Zahlengerade und trage die Brüche ein. Überlege, wie lang die Strecke von 0 bis 1 sein soll.

a) $\frac{1}{3}$; $\frac{5}{6}$; $\frac{2}{9}$; $\frac{1}{2}$; $\frac{8}{12}$ b) $\frac{2}{5}$; $\frac{1}{2}$; $\frac{3}{4}$; $\frac{3}{5}$; $\frac{7}{10}$

45

Gib jeweils drei Bruchzahlen zwischen

a) 2 und 3   b) 0 und $\frac{1}{2}$ c) $\frac{4}{6}$ und $\frac{5}{6}$ d) $\frac{3}{8}$ und $\frac{9}{10}$ an.

46★

Welche Bruchzahl liegt in der Mitte von

a) 4 und 5   b) $\frac{1}{4}$ und $\frac{1}{2}$ c) $\frac{1}{4}$ und $\frac{1}{3}$ d) $\frac{2}{5}$ und $\frac{4}{7}$?

Beschreibe, wie du vorgehen kannst.

47★

Sind die Aussagen wahr oder falsch? Begründe.

a) Bei den ganzen Zahlen findest du zu jeder Zahl einen Vorgänger und einen Nachfolger. Ist $5\frac{1}{10}$ der Nachfolger von 5?
b) Bruchzahlen haben keinen Vorgänger und keinen Nachfolger.

1.9 Ordnen und Vergleichen

Willst du beurteilen, welcher Anteil größer oder kleiner ist, musst du Brüche, Prozente oder Dezimalzahlen miteinander vergleichen.
Hier übst du

- Brüche und Dezimalzahlen miteinander zu vergleichen und
- rationale Zahlen der Größe nach zu ordnen.

WISSEN

Anordnung – welcher Bruch ist größer?

Auf der Zahlengerade ist stets der Bruch **kleiner**, der **weiter links** liegt. Was aber, wenn du die Brüche nicht auf einer Zahlengeraden einzeichnen kannst? Dann gibt es drei Möglichkeiten:

Beispiele:

1. Ein Bruch mit **gleichem Nenner** ist größer, wenn der **Zähler größer** ist.
   $\frac{5}{6} > \frac{4}{6}$, da es mehr Anteile sind.
2. Ein Bruch mit **gleichem Zähler** ist größer, wenn der **Nenner kleiner** ist.
   $\frac{2}{4} > \frac{2}{5}$, da die Stücke größer sind.
3. Brüche mit **verschiedenen Zählern und Nennern** musst du zuerst gleichnamig machen. Dann ist der Bruch mit dem größeren Zähler auch die größere Zahl.
   $\frac{3}{8} < \frac{2}{5}$, da $\frac{3 \cdot 5}{8 \cdot 5} = \frac{15}{40} < \frac{2 \cdot 8}{5 \cdot 8} = \frac{16}{40}$

So vergleichst du Dezimalzahlen

__Beachte:__ Dezimalzahlen verändern ihren Wert nicht, wenn du Endnullen anhängst oder weglässt.

Auf der Zahlengerade ist die Dezimalzahl **kleiner**, die **weiter links** liegt. Du kannst Dezimalzahlen vergleichen, indem du die Ziffern stellenweise von links nach rechts betrachtest. Es ist diejenige Dezimalzahl größer, die an derselben Stelle zuerst eine größere Ziffer hat.

Beispiele:

a) 1,641 < 2,842 < 3,839 < 7,943   b) 0,309 < 0,39

48

Vergleiche. Ersetze □ durch <, = oder >.

a) $\frac{3}{4}$ □ $\frac{4}{5}$ b) $\frac{2}{3}$ □ $\frac{8}{12}$ c) $\frac{18}{45}$ □ $\frac{15}{40}$ d) $\frac{35}{42}$ □ $\frac{49}{56}$

e) 1,22 □ 1,15   f) 0,8 □ 0,81   g) 3,4 □ 3,40   h) 0,720 □ 0,7201

49

Ordne die Zahlen der Größe nach. Beginne mit der kleinsten Zahl.

a) 0,15 | 0,2 | 0,5 | 0,3 | 0,05 | 0,31 | 0,55 | 0,052

b) $\frac{12}{15}$ | $\frac{3}{9}$ | $\frac{10}{18}$ | $\frac{2}{5}$ | $\frac{13}{26}$

50

Bringe die 100-m-Läufer in die richtige Reihenfolge.

Name	Kim	Francis	Justin	Asafa	Shawn	Obadele	Maurice
Zeit	10,00 s	9,86 s	9,85 s	9,94 s	9,89 s	10,10 s	9,87 s
Platz							

51

Setze für $\square$ eine passende Zahl ein.

a) $\frac{4}{\square} < \frac{4}{5}$ b) $\frac{3}{7} > \frac{\square}{7}$ c) $\frac{14}{\square} < \frac{14}{2}$

d) $1{,}08 > \square{,}08$ e) $32{,}75 < 3\square{,}75$ f) $0{,}555 > 0{,}5\square5$

52 ★

Versuche ohne zu rechnen, die größere Zahl anzugeben.
Beschreibe, wie du vorgegangen bist.

a) $\frac{4}{7}$; $\frac{4}{8}$ b) $\frac{13}{15}$; $\frac{12}{11}$ c) $\frac{4}{5}$; $\frac{18}{35}$

53 ★

Daniel und Melina vergleichen ihre Fußballsticker. Daniel zählt bei 84 Stickern 21 doppelte, Melina hat bei 72 Stickern 16 doppelte. Wer von beiden hat das bessere Päckchen? Begründe.

1.10 Anwendungsaufgaben

54

Anna möchte ein Glücksrad bauen, bei dem die 24 Felder so aufgeteilt werden sollen:
6 blaue Felder für einen Kleingewinn, 9 gelbe Felder für Nieten, 7 grüne Felder für „Nochmal-Drehen", die restlichen Felder rot für Hauptgewinn. Bestimme die Anteile und zeichne ein Glücksrad.

55

Für den Verkauf beim Schulfest haben Yannick $\frac{1}{4}$, Mario $\frac{3}{10}$, Philipp $\frac{1}{5}$, Katharina und Sarah jeweils $\frac{1}{8}$ der belegten Brötchen gemacht.

a) Wer hat am meisten gearbeitet, wer am wenigsten?
Ordne die Schülerinnen und Schüler nach ihrer Leistung.

b) Katharina hat 20 Brötchen gemacht.
Berechne, wie viele Brötchen die anderen jeweils gemacht haben.

56

Bei der Klassensprecherwahl ließen sich Mia, Hanna und Lena als Kandidaten aufstellen. Von den 32 Schülerinnen und Schülern der Klasse gaben 25 % Mia ihre Stimme, $\frac{3}{8}$ waren für Hanna und 10 Schülerinnen und Schüler stimmten für Lena.
Berechne, wie viele Schülerinnen und Schüler nicht mit abgestimmt haben und wer die Wahl gewonnen hat.

57

a) Parmesan-Käse enthält 32 % Fett. Wie viel g Fett enthält ein 250 g-Stück Parmesan? Berechne.

b) Der menschliche Körper besteht zu fast 70 % aus Wasser. Aus wie viel kg Wasser besteht ein Mensch, der 50 kg wiegt? Berechne.

58 ★

Ein DIN-A4-Blatt ist ein halbes DIN-A3-Blatt, ein DIN-A5-Blatt ist ein halbes DIN-A4-Blatt usw.

a) Gib an, welcher Bruchteil eines DIN-A3-Blattes ein DIN-A5 (A6)-Blatt ist.

b) Bestimme, welcher Bruchteil eines DIN-A4-Blattes zwei DIN-A7 (A8)-Blätter sind.

1

a) Gib an, welcher Anteil gefärbt ist.

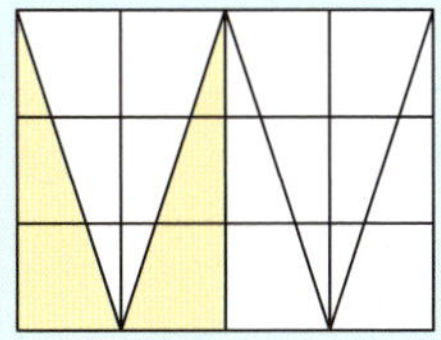

b) Färbe $\frac{5}{6}$.

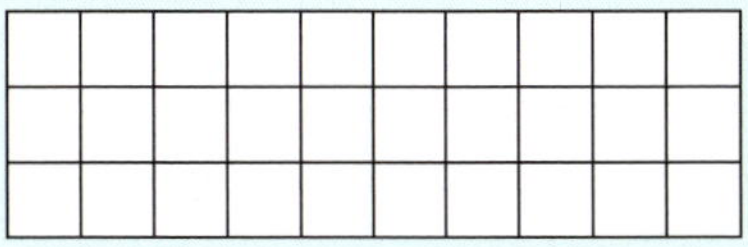

c) Stelle $\frac{3}{8}$ als Kreis und $\frac{4}{7}$ als Strecke grafisch dar.

Punkte: ____ max. 3

2

a) Wandle die gemischten Zahlen $2\frac{5}{6}$ und $7\frac{3}{4}$ in Brüche um.

b) Wandle die Brüche $\frac{19}{3}$ und $\frac{37}{5}$ in gemischte Zahlen um.

Punkte: ____ max. 2

3

Familie Casa hat drei Grundstücke für ihr neues Haus zur Auswahl.

50 850 dm^2

0,057 ha

5,655 a

a) Wandle alle Größen in m^2 um.

b) Gib an, welches Grundstück das größte ist.

Punkte: ____ max. 2

4

Schreibe in Prozent.

a) $\frac{1}{20}$ b) 3 von 4 c) $\frac{17}{25}$ d) $\frac{7}{8}$

Punkte: ____ max. 4

5

Der Lehrer hat die Ergebnisse der letzten Mathe-Arbeit in einer Tabelle aufgeschrieben.

Note	1	2	3	4	5	6
Anzahl	3	6	8	6	5	2

Welche Aussagen sind wahr? Kreuze an.

☐ Mehr als die Hälfte der Klasse hatte eine 3 oder besser.

☐ Weniger als ein Fünftel war schlechter als 4.

☐ Ein Drittel hatte eine 2 oder eine 3.

☐ 10 % hatten eine 1.

Punkte: ___ max. 4

6

Ergänze die Lücken.

a) 2,07 m = 207 ___

b) ___ mg = 0,48 g

c) 0,5 ha = ___ a

d) 81 972 cm^3 = 81,972 ___

Punkte: ___ max. 4

7

Ein großes Kaufhaus wirbt mit folgender Aktion:
„Auf alle reduzierten Artikel nochmals 10 % Rabatt".

~~150 €~~ 20 %

Berechne, wie viel der Artikel jetzt noch kostet.

Punkte: ___ max. 3

8

Anne und Tim haben eine Taschengelderhöhung bekommen.
Anne erhält jetzt 25 € statt 20 € pro Monat, Tim 16 € statt früher 12 €.
Tim jammert: „Immer bekommst du mehr als ich!"
Anne entgegnet: „Diesmal bist du doch besser weggekommen als ich."
Was meint Anne damit? Erkläre.

Punkte: ___ max. 2

Gesamtpunkte: ___ max. 24

Super! Du hast das **Kapitel 1 – Rationale Zahlen** durchgearbeitet.
Anschließend hast du die Testaufgaben gelöst und deine Punkte zusammengezählt.

In der Checkliste kannst du nun alle Testaufgaben abhaken, in denen du besonders gut abgeschnitten hast. Wenn du bei einigen Aufgaben noch nicht die volle Punktzahl erreicht hast, wiederhole einfach die Übungen, die in der letzten Spalte der Tabelle angegeben sind.

Meine Checkliste

Test-aufgabe	Thema	Konnte ich gut lösen	Ich hatte Fehler und wiederhole deshalb die Übungen
1	Brüche und Anteile		1 – 4
2	Brüche und gemischte Zahlen		5 – 9
3	Ordnen und Vergleichen		48 – 53
4	Brüche und Prozente		24 – 32
5	Bruchteile von Größen Brüche und Prozente		10 – 15 24 – 32
6	Ordnen und Vergleichen		48 – 53
7	Bruchteile von Größen Brüche und Prozente		10 – 15 24 – 32
8	Dezimalschreibweise bei Größen		36 – 41

2 Rationale Zahlen addieren und subtrahieren

2.1 Gleichnamige Brüche addieren und subtrahieren

Die Addition und Subtraktion von gleichnamigen Brüchen ist gar nicht so schwierig. Sicher weißt du schon, was herauskommt, wenn du ein Viertel und drei Viertel zusammenzählst.

Hier übst du

- das Addieren und Subtrahieren von gleichnamigen Brüchen und
- die Rechnungen durch Darstellungen zu veranschaulichen.

WISSEN

So addierst und subtrahierst du gleichnamige Brüche

Gleichnamige Brüche sind Brüche mit gleichem Nenner.

1. Schreibe die Zähler auf einen **gemeinsamen Bruchstrich** und addiere oder subtrahiere sie.
2. Behalte den gemeinsamen Nenner bei.
3. Vergiss nicht, das Ergebnis gegebenenfalls zu kürzen.

Beispiele:

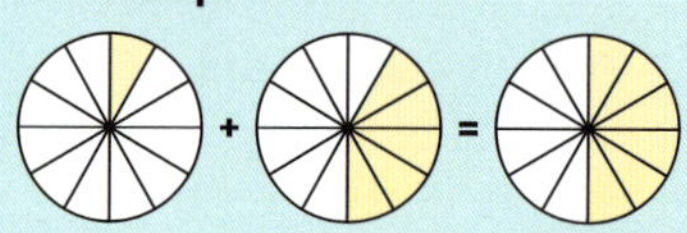

$$\frac{1}{12} + \frac{5}{12} = \frac{1+5}{12} = \frac{6}{12} = \frac{1}{2}$$

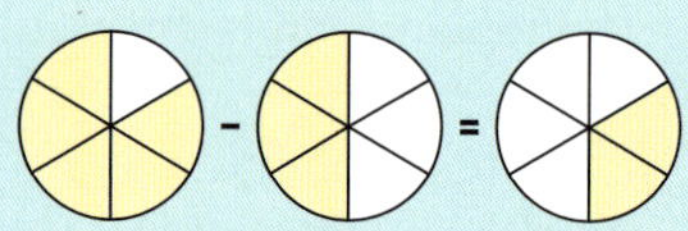

$$\frac{5}{6} - \frac{3}{6} = \frac{5-3}{6} = \frac{2}{6} = \frac{1}{3}$$

Beispiele:

a) $\frac{3}{8}\text{kg} + \frac{5}{8}\text{kg} + \frac{1}{8}\text{kg} = \frac{3+5+1}{8}\text{kg} = \frac{9}{8}\text{kg} = 1\frac{1}{8}\text{kg}$

b) $\frac{3}{4} + \frac{3}{4} - \frac{5}{4} = \frac{3+3-5}{4} = \frac{1}{4}$

Merke: *Schreibe Ergebnisse, die größer als 1 sind, als gemischte Zahl.*

1

Berechne. Kürze das Ergebnis gegebenenfalls vollständig.

a) $\frac{2}{8} + \frac{4}{8}$ b) $\frac{2}{5} + \frac{5}{5}$ c) $\frac{3}{10} + \frac{9}{10}$

d) $\frac{12}{15} + \frac{13}{15}$ e) $\frac{13}{18} - \frac{4}{18}$ f) $\frac{37}{7} - \frac{9}{7}$

2

Alexander schreibt auf, wie lange er für die Mathe-Hausaufgaben benötigt. Für letzte Woche hat er notiert: $\frac{1}{4}$h, $\frac{3}{4}$h, $\frac{1}{4}$h, $1\frac{1}{4}$h, $\frac{3}{4}$h. Berechne, wie lange er insgesamt mit Mathe-Hausaufgaben beschäftigt war.

3

Berechne. Rechne zur Kontrolle auch ohne Brüche, indem du die Maßzahlen in die kleinere Einheit umwandelst.

a) $\frac{48}{60}$ min + $\frac{17}{60}$ min b) $\frac{3}{8}$ l + $\frac{7}{8}$ l

c) $\frac{1250}{1000}$ t − $\frac{800}{1000}$ t d) $\frac{8}{10}$ kg + $\frac{5}{10}$ kg + $\frac{2}{10}$ kg

4

Gib an, welche Additionsaufgabe jeweils dargestellt ist.

a)

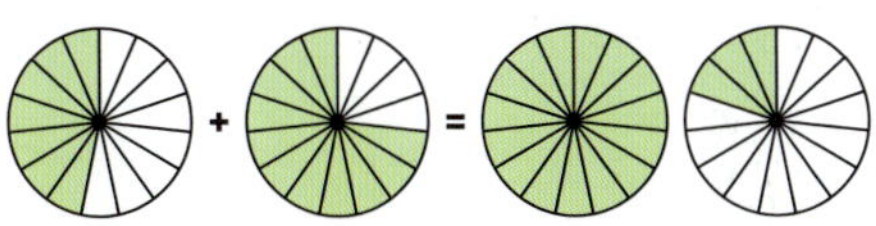

b)

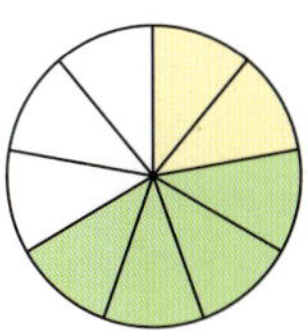

c)

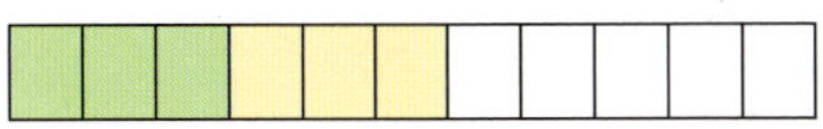

5★

Welche Zahlen fehlen? Vervollständige die Aufgaben.

a) $\frac{11}{8} + \frac{3}{8} - \frac{\square}{8} = \frac{7}{\square}$ b) $\frac{5}{10} - \frac{5}{\square} = \frac{\square}{10}$ c) $\frac{17}{50} + \frac{\square}{\square} = \frac{41}{50}$

6★

Daniel rechnet mit seinem Taschengeld. „Ich erhalte jede Woche 3,50 €. Davon gebe ich $\frac{1}{5}$ für Süßigkeiten aus und $\frac{4}{7}$ brauche ich fürs Schwimmbad. Den Rest spare ich für einen Comic, der alle 4 Wochen erscheint und 2,90 € kostet." Kann sich Daniel den Comic regelmäßig kaufen? Begründe.

2.2 Brüche addieren und subtrahieren

Brüche mit unterschiedlichen Nennern (ungleichnamige Brüche) musst du vor dem Addieren oder Subtrahieren durch Erweitern und Kürzen gleichnamig machen. Deshalb übst du hier,

- wie du Brüche geschickt gleichnamig machen kannst und
- beliebige Brüche zu addieren und subtrahieren.

WISSEN

So kannst du Brüche gleichnamig machen

Es gibt zwei Möglichkeiten, wie du Brüche gleichnamig machen kannst.

Möglichkeit 1:
Erweitere beide Brüche mit dem Nenner des anderen Bruchs.
Vorteil: Dieses Verfahren funktioniert immer.
Nachteil: Es entstehen oft sehr große Zahlen in Zähler und Nenner.

Beispiele:
Mache $\frac{4}{6}$ und $\frac{5}{8}$ gleichnamig.
Erweitere $\frac{4}{6}$ mit 8 und $\frac{5}{8}$ mit 6.
Du erhältst
$\frac{4}{6} = \frac{4 \cdot 8}{6 \cdot 8} = \frac{32}{48}$ und $\frac{5}{8} = \frac{5 \cdot 6}{8 \cdot 6} = \frac{30}{48}$.

Eignet sich besonders gut, wenn die Nenner gemeinsame Teiler haben.

Möglichkeit 2:
Schreibe die Vielfachen der Nenner auf und suche ein gemeinsames Vielfaches (das kleinste gemeinsame Vielfache ist der Hauptnenner).

Mache $\frac{3}{54}$ und $\frac{1}{36}$ gleichnamig.
$V_{54} = \{54, 108, 162, \mathbf{216}, 270, \ldots\}$
$V_{36} = \{36, 72, 108, 144, 180, \mathbf{216}, \ldots\}$
$\frac{3}{54} = \frac{3 \cdot 4}{54 \cdot 4} = \frac{12}{216}$; $\frac{1}{36} = \frac{1 \cdot 6}{36 \cdot 6} = \frac{6}{216}$

So addierst und subtrahierst du Brüche

*Merke: Der kleinste gemeinsame Nenner von Brüchen heißt **Hauptnenner**.*

1. Du kannst nur gleichnamige Brüche addieren oder subtrahieren. Mache also zuerst die Brüche gleichnamig.

$\frac{2}{3} + \frac{1}{4} = \frac{2 \cdot 4}{3 \cdot 4} + \frac{1 \cdot 3}{4 \cdot 3} = \frac{8 + 3}{12} = \frac{11}{12}$

2. Schreibe die Zähler auf einen gemeinsamen Bruchstrich und addiere oder subtrahiere sie.

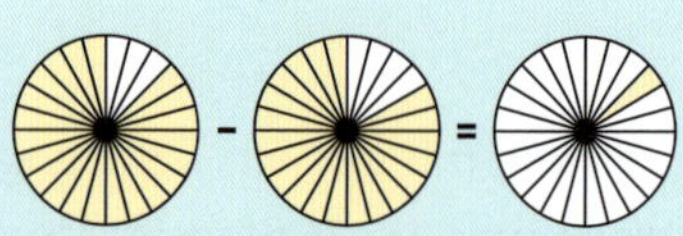

$\frac{7}{8} - \frac{5}{6} = \frac{7 \cdot 3}{8 \cdot 3} - \frac{5 \cdot 4}{6 \cdot 4} = \frac{21 - 20}{24} = \frac{1}{24}$

3. Kürze das Ergebnis.

7

Berechne.

a) $\frac{2}{3}+\frac{4}{9}$ b) $\frac{5}{7}+\frac{3}{4}$ c) $\frac{3}{8}+\frac{4}{5}$ d) $\frac{1}{2}+\frac{4}{11}$

e) $\frac{39}{10}-\frac{35}{100}$ f) $\frac{19}{20}-\frac{5}{30}$ g) $\frac{15}{16}-\frac{7}{24}$ h) $\frac{11}{9}-\frac{5}{12}$

8

Berechne, wie viel die Schlangen gefressen haben.

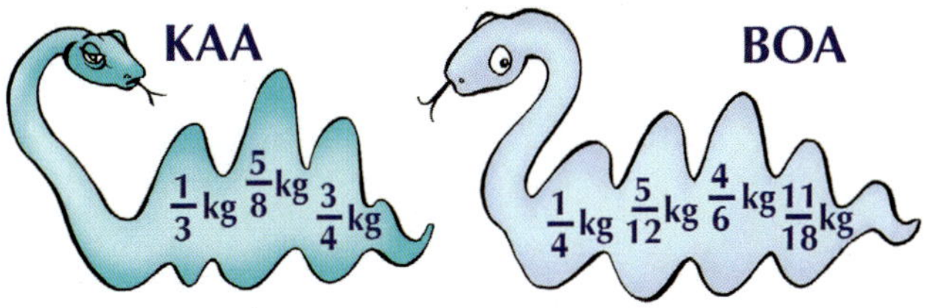

9

Setze für $\square$ Zahlen ein, so dass die Rechnung stimmt.

a) $\frac{1}{3}+\square=\frac{7}{8}$ b) $\frac{1}{6}+\square=\frac{2}{5}$ c) $\frac{21}{15}-\square=\frac{5}{6}$

d) $\frac{3}{16}+\square=\frac{12}{18}$ e) $\frac{28}{\square}+\frac{10}{\square}=\frac{19}{4}$ f) $\frac{48}{36}-\square=\frac{48}{54}$

10 ★

Finde die Fehler und korrigiere die Aufgaben.

a) $\frac{9}{8}-\frac{2}{3}=\frac{7}{5}$ b) $\frac{4}{5}+\frac{2}{3}=\frac{12}{15}+\frac{6}{15}=\frac{18}{15}=\frac{6}{5}$

11

Nenne zwei Paare von Bruchzahlen, die gleich weit von $\frac{3}{5}$ entfernt sind.

12

Steffen hat für seine Party 10 l Limo gekauft. Uli trinkt $\frac{3}{4}$ l, Edu $\frac{8}{5}$ l, Nina $1\frac{1}{2}$ l, Andi $\frac{17}{8}$ l und er selbst $1\frac{1}{4}$ l. Berechne, wie viel übrig bleibt.

13

Die Schüler sollen eine neue Tischtennisplatte für den Pausenhof bekommen. Sie haben 40 % durch einen Kuchenverkauf verdient. Auch der Förderverein hilft und übernimmt ein Drittel der Kosten.
Berechne, welchen Anteil die Schule zuschießen muss.

2.3 Gemischte Zahlen addieren und subtrahieren

Du kannst schon Brüche addieren und subtrahieren.
Schwieriger wird es, wenn du mit gemischten Zahlen rechnen musst.
Hier übst du
- noch einmal, wie du gemischte Zahlen in Brüche umwandeln kannst,
- zwei Möglichkeiten, gemischte Zahlen zu addieren (zu subtrahieren).

WISSEN

So kannst du gemischte Zahlen addieren und subtrahieren

Beispiel: $3\frac{3}{4} + 5\frac{1}{3}$

Möglichkeit 1:
1. Wandle die gemischten Zahlen in Brüche um.
2. Mache die Brüche gleichnamig.
3. Addiere (oder subtrahiere).
4. Wandle das Ergebnis wieder in eine gemischte Zahl um.

$$3\frac{3}{4} + 5\frac{1}{3} = \frac{15}{4} + \frac{16}{3}$$
$$= \frac{15 \cdot 3}{4 \cdot 3} + \frac{16 \cdot 4}{3 \cdot 4} = \frac{45}{12} + \frac{64}{12}$$
$$= \frac{109}{12}$$
$$= 9\frac{1}{12}$$

Möglichkeit 2:

Beim Subtrahieren ist Möglichkeit 1 besser.

1. Addiere (oder subtrahiere) die ganzen Zahlen. Mache die Brüche gleichnamig und addiere sie.
2. Addiere die ganze Zahl und den Bruch. Ist beim Bruch der Zähler größer als der Nenner, musst du den Bruch in eine gemischte Zahl umwandeln und zur ganzen Zahl dazuzählen.

$$3\frac{3}{4} + 5\frac{1}{3} = 3\frac{3 \cdot 3}{4 \cdot 3} + 5\frac{1 \cdot 4}{3 \cdot 4}$$
$$= 3\frac{9}{12} + 5\frac{4}{12}$$
$$= 3 + 5 + \frac{9}{12} + \frac{4}{12}$$
$$= 8\frac{13}{12}$$
$$= 9\frac{1}{12}$$

14

Berechne.

a) $5\frac{3}{4} + 3\frac{1}{8}$

b) $6\frac{5}{30} + 1\frac{2}{3}$

c) $4\frac{3}{11} - 1\frac{8}{11}$

d) $5\frac{3}{4} + 2\frac{5}{6}$

e) $3\frac{7}{20} - 1\frac{3}{8}$

f) $7\frac{2}{3} + \frac{9}{2}$

15

Vervollständige die Tabellen.

+	$2\frac{1}{2}$	$4\frac{2}{3}$	$5\frac{2}{5}$	$4\frac{3}{4}$
$2\frac{1}{2}$				
$4\frac{2}{3}$				
$5\frac{2}{5}$				
$4\frac{3}{4}$				

−	$2\frac{1}{2}$	$1\frac{2}{3}$	$2\frac{2}{5}$	$1\frac{3}{4}$
$2\frac{1}{2}$				
$4\frac{2}{3}$				
$5\frac{2}{5}$				
$4\frac{3}{4}$				

16

Familie Maier plant die gemeinsame Urlaubsreise. Damit die Reise nicht zu anstrengend wird, werden immer wieder kleine Pausen eingelegt. Vater Maier hat dazu diesen Plan aufgeschrieben:
Berechne, wie lange die Reise dauert.

Fahrt: $1\frac{1}{2}h$
Pause: $\frac{1}{3}h$
Fahrt: $2\frac{1}{4}h$
Pause: $\frac{3}{4}h$
Fahrt: $2\frac{2}{3}h$

17

Vervollständige die Zauberquadrate.

*In **Zauberquadraten** ist die Summe der Zahlen in Spalten, Zeilen und Diagonalen jeweils gleich.*

$\frac{5}{6}$	$\frac{1}{4}$	
	$\frac{2}{3}$	
		$\frac{1}{2}$

$\frac{17}{10}$	$1\frac{3}{5}$	$\frac{3}{2}$
$\frac{7}{4}$		

2.4 Dezimalzahlen runden und darstellen

Wenn du beim Einkaufen schnell etwas zusammenzählen musst, ist es wichtig, dass du die Kosten überschlagen kannst. Wenn du bei Messungen unterschiedliche oder ungenaue Messwerte erhältst, musst du runden. Deshalb übst du hier

› wie du Dezimalzahlen runden kannst und
› verschiedene Werte sinnvoll zu runden und darzustellen.

WISSEN

So rundest du Dezimalzahlen

Das Runden von Dezimalzahlen funktioniert wie das Runden von natürlichen Zahlen.

1. Suche die Rundungsstelle und unterstreiche sie.
2. Betrachte die Ziffer **rechts** von der Rundungsstelle:
   Ist diese Ziffer eine 0, 1, 2, 3 oder 4 **rundest** du **ab**, d.h. die Rundungsstelle bleibt erhalten.
   Ist diese Ziffer eine 5, 6, 7, 8 oder 9 **rundest** du **auf**, d.h. die Rundungsstelle wird um 1 erhöht.
   Beachte: Alle Ziffern rechts von der Rundungsstelle werden 0.
   Bei Dezimalzahlen kannst du die Nullen am Ende weglassen.

Tipp:
3,98 ≈ 4,0
Hier zeigt man durch die Null, dass man auf Zehntel gerundet hat.

Beispiele:

a) Runde 2,863 auf Zehntel: 2,863 ≈ 2,9 (aufgerundet)
b) Runde 1,754 m auf cm: 1,754 m ≈ 1,75 m (abgerundet)

So kannst du Messwerte sinnvoll runden

Beschränke dich auf die Anzahl der Stellen des ungenauesten Wertes. Runde alle Zahlen auf die **gleiche** Stelle.

Beispiel:
Die Schüler haben ihre Schulranzen gewogen und verglichen.

Lukas:	4,874 kg ≈ 4,9 kg
Anabel:	5,53 kg ≈ 5,5 kg
Lorena:	5,7 kg
Felix:	4,98 kg ≈ 5,0 kg

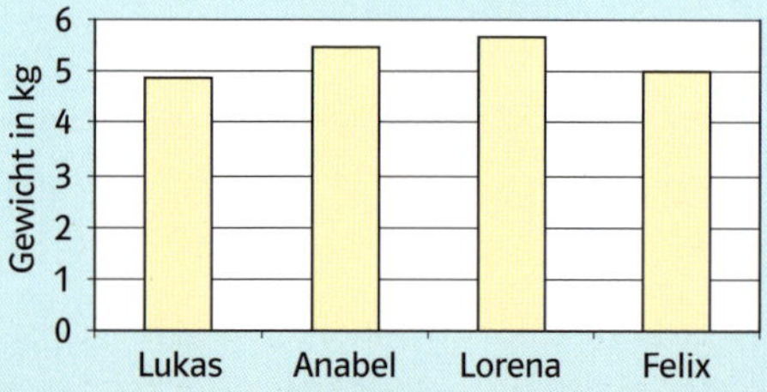

18

Runde auf	Zehntel	Hundertstel	Tausendstel	Zehntausendstel
4,15303				
3,09828				
9,95205				
0,96578				

19

Runde auf die in der Klammer angegebene Stelle.

a) 6,38 m (auf dm) b) 12,9495 ha (auf a) c) 8,97952 t (auf kg)
d) 0,2872 dm (auf mm) e) 5,394 € (auf ct) f) 3,97137 l (auf cm^3)

20

Hier sind Einwohnerzahlen der größten Städte Deutschlands angegeben. Runde die Angaben sinnvoll und zeichne ein Säulendiagramm.

Berlin: 3,644 Mio.
Hamburg: 1,8 Mio.
München: 1,47 Mio.
Köln: 1,08 Mio.
Frankfurt: 0,753 Mio.

21

a) Nenne drei Zahlen, die auf Einer gerundet 10 ergeben.
b) Nenne drei Zahlen, die auf Zehntel gerundet 5,2 ergeben.
c) Nenne drei Zahlen, die auf Hundertstel gerundet 1,12 ergeben.
d) Nenne drei Zahlen, die auf Tausendstel gerundet 4,646 ergeben.

22 ★

Marias Schulranzen wiegt ungefähr 5,5 kg. Gib an, wie schwer er mindestens und wie schwer er höchstens ist.

23

Herr Schmid steht an der Tankstelle. Er hat noch 70 € und überlegt: „Wenn ich 50 l Super tanke, kostet das bei einem Preis von $1{,}29^9$ etwa …“ Reicht sein Bargeld für eine Tankfüllung aus? Begründe.

2.5 Dezimalzahlen addieren und subtrahieren

Im Alltag begegnen dir Dezimalzahlen häufiger als Brüche. Vor allem beim Einkaufen musst du mit Dezimalzahlen rechnen.
Deshalb übst du hier

› das Addieren und Subtrahieren von Dezimalzahlen und
› zur Kontrolle eine Überschlagsrechnung durchzuführen.

WISSEN

So addierst und subtrahierst du Dezimalzahlen

Das schriftliche Addieren und Subtrahieren von Dezimalzahlen funktioniert wie bei den natürlichen Zahlen.

Tipp: Lücken kannst du mit Nullen auffüllen.

1. Schreibe die Zahlen so stellengerecht untereinander, dass Komma unter Komma steht.
2. Addiere und subtrahiere dann wie gewohnt stellenweise von rechts nach links.
3. Kontrolliere dein Ergebnis durch eine Überschlagsrechnung.

Beispiel:
6,5 + 24,75

		6,	5	
+	2	4,	7	5
	3	1,	2	5

Ü: 7 + 25 = 32 ✓

Beispiele:

a) 23,65 + 0,94 + 3,412

	2	3,	6	5	
+		0,	9	4	
+		3,	4	1	2
	2	8,	0	0	2

Ü: 24 + 1 + 3 = 28 ✓

b) 725,057 − 63,56 − 318,4

	7	2	5,	0	5	7
−		6	3,	5	6	
−	3	1	8,	4		
	3	4	3,	0	9	7

Ü: 725 − 64 − 318 = 343 ✓

24

Rechne diese Aufgaben im Kopf und stoppe die Zeit. Wenn du länger als 2 Minuten brauchst, solltest du noch mehr Kopfrechnen trainieren.

a) 2,8 + 1,2 b) 14,7 − 6,7 c) 5,63 + 21,27 d) 10 − 9,99
e) 7,9 − 3,3 f) 5,88 − 0,89 g) 3,8 + 4,8 h) 20 − 2,5

mit Online-Übungen

25

Berechne die Aufgaben schriftlich. Überprüfe deine Ergebnisse mit einer Überschlagsrechnung.

Tipp:
Runde die Zahlen so, dass du leicht im Kopf rechnen kannst.

a) 25,754 + 4,8 + 9,32
b) 0,247 + 13,8 + 1,843
c) 25,731 − 6,46 − 14,1
d) 735,52 − 52,1 − 634,324

26

Hier wird immer die gleiche Zahl addiert oder subtrahiert. Wie geht's weiter? Berechne die nächsten fünf Zahlen.

a) 4,7 →(+ 1,25) 5,95 →(+ 1,25) …

b) 2,3 →(+ 0,6) 2,9 →(+ 0,6) …

c) 6,25 →(− 0,375) 5,875 →(− 0,375) …

27

Lisa fährt jeden Tag Fahrrad und schreibt ihre gefahrenen Kilometer in eine Tabelle. Berechne, wie viele km sie in einer Woche gefahren ist.

Tag	Mo	Di	Mi	Do	Fr	Sa	So
km	24,3	17,82	28,05	19,8	16,245	31,1	20

28

Hier hat der Fehlerteufel sein Unwesen getrieben. Entscheide, ob richtig oder falsch gerechnet wurde, und korrigiere die Fehler.

a) 2,2 + 5,8 = 7,10
b) 1,1 − 0,4 = 0,7
c) 8,58 − 1,2 = 7,56

29

Berechne die fehlenden Zahlen.

a) 5,2 + ___ = 12,6
b) 59,81 − ___ = 22,43
c) ___ + 102,87 = 263,15
d) ___ − 3,7 = 8,8

2.6 Geschicktes Rechnen – vermischte Aufgaben

Wie du vielleicht schon gemerkt hast, können Rechnungen mit Brüchen und Dezimalzahlen sehr kompliziert werden. Doch wenn du Rechengesetze und einige Tipps und Tricks anwendest, kannst du dir das Rechnen oft erheblich erleichtern.

Deshalb übst du hier

- Rechengesetze anzuwenden und
- Aufgaben so umzuformen, dass der Rechenaufwand erheblich erleichtert wird.

WISSEN

Welche Rechengesetze muss ich beachten?

Normalerweise rechnest du immer von links nach rechts. Doch bei der Addition darfst du von dieser Regel abweichen, wenn du die folgenden zwei Rechengesetze beachtest:

Kurzform:
$a + b = b + a$

Kurzform:
$(a + b) + c$
$= a + (b + c)$
$= a + b + c$

1. **Kommutativ- oder Vertauschungsgesetz:**
   Beim Addieren darfst du die Summanden vertauschen.
2. **Assoziativ- oder Verbindungsgesetz:**
   Beim Addieren darfst du die Summanden beliebig durch Klammern verbinden.

Wenn du beide Rechengesetze zusammenfasst, kannst du dir folgende Regel merken:
Beim Addieren darfst du **Klammern beliebig setzen** oder **weglassen** und die Summanden **in beliebiger Reihenfolge addieren**.

Beispiel:
Berechne $\left(\frac{4}{3} + \frac{3}{4}\right) + \left(\frac{1}{6} + \frac{3}{4}\right)$.

Wenn du hier zuerst die Klammern ausrechnest, brauchst du viele Rechenschritte. Schneller geht es, wenn du die Rechengesetze anwendest und immer kürzt.

Rechne geschickter so:
Lass die Klammern weg und fasse diejenigen Brüche zusammen, die sich leicht addieren lassen.
Kürze, wenn möglich.

$$\underbrace{\frac{3}{4} + \frac{3}{4}} + \frac{4}{3} + \frac{1}{6}$$
$$= \frac{6}{4} + \underbrace{\frac{8}{6} + \frac{1}{6}}$$
$$= \frac{3}{2} + \frac{9}{6}$$
$$= \frac{3}{2} + \frac{3}{2} = \frac{6}{2} = 3$$

30

Berechne mithilfe der Rechengesetze.

a) $\left(\frac{1}{4}+\frac{3}{5}\right)+\frac{3}{4}$ b) $\frac{2}{3}+\frac{2}{9}+\frac{4}{6}$ c) $\frac{3}{2}+\frac{3}{7}+\frac{1}{2}$ d) $\frac{5}{6}+\left(\frac{3}{4}+\frac{4}{6}\right)$

31

Berechne, wenn möglich, ohne die Brüche zu erweitern.

a) $\frac{4}{15}+\frac{2}{5}+\frac{8}{15}$ b) $\frac{3}{8}+\frac{1}{6}+\frac{9}{8}$

32

Die Rechengesetze gelten natürlich auch für Dezimalzahlen. Überlege zuerst, welche Zahlen du geschickt zusammenzählen kannst und berechne dann den Wert des gesamten Terms.

a) 2,55 + 0,39 + 7,65 + 4,11
b) 42,6 + 0,6 + 2,4 − 42,6
c) 3,7 + 12,6 − 1,7 − 3,6

33

Suche jeweils drei Kärtchen,

8,7 | 1,9 | 3,6 | 2,3 | 6,5

a) die addiert die größte Summe ergeben.
b) die addiert die kleinste Summe ergeben.
c) deren Summe zwischen 18 und 25 ist.

Schreibe immer die zugehörige Rechnung auf.

34★

Frau Maier möchte beim Einkaufen den Kassenzettel kontrollieren. Sie ärgert sich über die krummen Preise, die meist mit einer 9 aufhören.
Mit einem Trick kann sie jedoch die Summe sofort berechnen.
Erkläre, wie sie geschickt rechnen kann.

Supermarkt Kassenzettel

Ware	Preis in Euro
…	1,99
…	1,99
…	3,49
…	2,99
…	0,79

2.7 Anwendungsaufgaben

35

Für einen Coconut-Kiss-Cocktail (200 ml) braucht man

$\frac{3}{20}$ Kokossirup
$\frac{1}{10}$ Sahne
$\frac{1}{4}$ Ananassaft
$\frac{1}{4}$ Orangensaft
$\frac{2}{40}$ Grenadine

Berechne, wie viel Wasser noch zugefügt werden muss.

36

Erik gibt $\frac{2}{5}$ seines Taschengeldes für Zeitschriften und $\frac{1}{4}$ für Süßigkeiten aus.

a) Berechne, wie viel Taschengeld übrig bleibt.
b) Berechne, wie viel Euro Erik sparen kann, wenn er 10 € Taschengeld im Monat erhält.

37

Familie Schmid geht essen. Sie bestellen Mittagsmenüs für 5,80 €, 6,40 €, 6,80 € und 7,80 €, die Eltern trinken noch zwei Kaffee für je 1,80 €.
Die restlichen Getränke kosten 8 €. Herr Schmid gibt noch $\frac{1}{10}$ der Summe Trinkgeld.
Berechne, wie viel Familie Schmid insgesamt für das Mittagessen ausgegeben hat.

38

Luke möchte sich ein neues Computerspiel kaufen. Er hat bereits $\frac{1}{4}$ des Preises gespart.
Papa und Mama geben jeweils $\frac{1}{5}$ dazu. Reicht es, wenn ihm seine Oma noch $\frac{1}{3}$ dazugibt? Begründe.

1

Berechne. Kürze gegebenenfalls vollständig.

a) $\frac{6}{8} + \frac{2}{5}$

b) $\frac{15}{45} + \frac{2}{3} + \frac{3}{5}$

c) $\frac{5}{6} - \frac{2}{9}$

d) $\frac{17}{20} - \frac{2}{8} - \frac{1}{5}$

e) $2\frac{1}{4} + 5\frac{2}{3}$

f) $3\frac{1}{2} - 1\frac{5}{6}$

Punkte: ___ max. 6

2

Berechne schriftlich.

a) 74,986 + 0,6 + 6,38

b) 85,04 − 36,512 − 5,03

Punkte: ___ max. 2

3

Berechne möglichst geschickt.

a) $\frac{3}{4} + \frac{5}{7} + \frac{5}{4}$

b) $0{,}2 + 7{,}4 + 2{,}6 + \frac{1}{2} - \frac{1}{5}$

Punkte: ___ max. 4

4

Tim hat die Höhen bekannter Bauwerke herausgesucht und in einer Tabelle notiert.

Bauwerk	Höhe in m
Eiffelturm	300,51
Cheops-Pyramide	137
Kölner Dom	157
Big Ben	96,32
Berliner Fernsehturm	368

a) Runde die Angaben sinnvoll und zeichne ein Säulendiagramm.

b) Berechne, wie hoch alle Bauwerke zusammen sind.

Punkte: ___ max. 4

5

Der Bambus gehört zu den am schnellsten wachsenden Pflanzen. Milena beobachtet jeden Tag in einem botanischen Garten das Wachstum einer Bambuspflanze und notiert den Zuwachs auf Zetteln.

0,23 m | 0,27 m | 0,41 m | 0,33 m | 0,28 m | 0,36 m

a) Leider sind Milenas Zettel durcheinander geraten. Sie hat sich aber erkundigt und herausgefunden, dass ein Bambus in der Regel am Anfang schnell und dann immer langsamer wächst. Bringe die Zettel in die richtige Reihenfolge.
b) Berechne, wie hoch der Bambus insgesamt ist.
c) Solch ein hoch wachsender Bambus kann bis zu 12 m hoch werden. Berechne, wie viel der Bambus noch wachsen muss.
d) Wie lange dauert es, bis der Bambus ausgewachsen ist? Berechne. Beschreibe, welche Annahme du bei deiner Antwort gemacht hast.

Punkte: ___ max. 4

6

In Schummelfingen müssen die Einwohner für die Benutzung der Straßen Gebühren, wie unten dargestellt, zahlen.

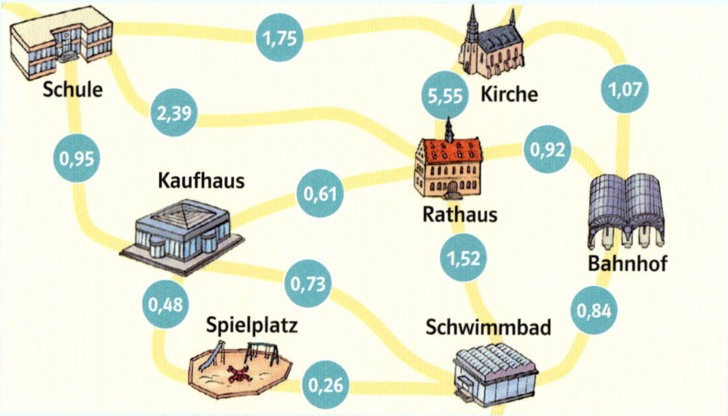

a) Der Pfarrer geht den Weg von der Kirche über die Schule ins Rathaus. Wie viele Schummeltaler muss er zahlen? Berechne.
b) Berechne die Gebühr für den Weg Rathaus – Schwimmbad – Kaufhaus – Schule.
c) Welches ist der günstigste Weg von der Schule zum Schwimmbad?
d) Der Bürgermeister zahlt für seinen Weg 2,17 Schummeltaler. Gib an, welchen Weg er gegangen ist.

Punkte: ___ max. 4

Gesamtpunkte: ___ max. 24

Super! Du hast das **Kapitel 2 – Rationale Zahlen addieren und subtrahieren** durchgearbeitet. Anschließend hast du die Testaufgaben gelöst und deine Punkte zusammengezählt.

In der Checkliste kannst du nun alle Testaufgaben abhaken, in denen du besonders gut abgeschnitten hast. Wenn du bei einigen Aufgaben noch nicht die volle Punktzahl erreicht hast, wiederhole einfach die Übungen, die in der letzten Spalte der Tabelle angegeben sind.

Meine Checkliste

Testaufgabe	Thema	Konnte ich gut lösen	Ich hatte Fehler und wiederhole deshalb die Übungen
1	• Gleichnamige Brüche • Brüche • Gemischte Zahlen addieren und subtrahieren		1 – 6 7 – 13 14 – 17
2	Dezimalzahlen addieren und subtrahieren		24 – 29
3	Vermischte Aufgaben zum Addieren und Subtrahieren		30 – 34
4	Dezimalzahlen runden und darstellen		18 – 23
5	Dezimalzahlen addieren und subtrahieren Anwendungsaufgaben		24 – 29 35 – 38
6	Dezimalzahlen addieren und subtrahieren		24 – 29

3 Rationale Zahlen multiplizieren und dividieren

3.1 Brüche vervielfachen und teilen

Auch beim Multiplizieren und Dividieren von rationalen Zahlen gibt es Regeln.
Hier übst du
- Brüche mit einer ganzen Zahl zu multiplizieren,
- Brüche durch eine ganze Zahl zu dividieren.

WISSEN

So multiplizierst du einen Bruch mit einer ganzen Zahl

Du multiplizierst einen Bruch mit einer ganzen Zahl, indem du den **Zähler mit dieser Zahl multiplizierst** und den **Nenner beibehältst**. Bestimme, wenn möglich, das Vorzeichen des Ergebnisses nach den Regeln der Multiplikation negativer Zahlen. Kürze vollständig.

Achtung: Multiplizieren ist **nicht** das Gleiche wie Erweitern!

Beispiele:

Multipliziere $\frac{5}{6}$ mit 2.

$\frac{5}{6} \cdot 2 = \frac{5 \cdot 2}{6} = \frac{10}{6} = \frac{5}{3}$

Erweitere $\frac{5}{6}$ mit 2.

$\frac{5}{6} = \frac{5 \cdot 2}{6 \cdot 2} = \frac{10}{12}$

Beim Erweitern wird **nicht** gekürzt.

So dividierst du einen Bruch durch eine ganze Zahl

Du dividierst einen Bruch durch eine ganze Zahl, indem du **den Nenner mit dieser Zahl multiplizierst** und den **Zähler beibehältst**. Kürze gegebenenfalls vollständig.

Achtung: Dividieren ist **nicht** das Gleiche wie Kürzen!

Beispiele:

Dividiere $\frac{6}{9}$ durch 3.

$\frac{6}{9} : 3 = \frac{6}{9 \cdot 3} = \frac{6}{27} = \frac{2}{9}$

Kürze $\frac{6}{9}$ mit 3.

$\frac{6}{9} = \frac{6 : 3}{9 : 3} = \frac{2}{3}$

1

Berechne. Kürze das Ergebnis gegebenenfalls.

a) $\frac{3}{8} \cdot 4$ b) $\frac{2}{5} \cdot 9$ c) $\frac{11}{48} \cdot 8$ d) $\frac{5}{10} \cdot 60$

e) $\frac{3}{2} \cdot 9$ f) $\frac{7}{10} \cdot 14$ g) $\frac{3}{4} \cdot 6$ h) $\frac{4}{5} \cdot 10$

2

Berechne. Kürze das Ergebnis gegebenenfalls.

a) $\frac{2}{9} : 9$ b) $\frac{14}{3} : 20$ c) $\frac{8}{5} : 4$ d) $\frac{21}{2} : 9$

e) $\frac{28}{8} : 7$ f) $\frac{15}{4} : 5$ g) $\frac{9}{2} : 8$ h) $\frac{60}{25} : 12$

3

Ergänze die fehlenden Zahlen.

a) $3 \cdot \frac{4}{15} = \square$ b) $4 \cdot \square = \frac{12}{7}$ c) $\square \cdot 10 = 2$

d) $\frac{4}{5} : \square = \frac{4}{15}$ e) $\frac{6}{11} : \square = \frac{3}{11}$ f) $\square : 5 = \frac{3}{8}$

4

Berechne.

a) In einer Saftflasche sind $\frac{3}{4}$ l Apfelsaft. Wie viel Liter sind in einem Kasten mit sechs Flaschen?

b) Drei Freunde teilen sich $1\frac{1}{2}$ l Limonade. Wie viel Liter erhält jeder?

5

Beim Wandertag jammern die Schüler: „Wir sind schon zwei Stunden gelaufen. Wie lange dauert die Wanderung noch?" Der Lehrer antwortet: „Ihr habt es bald geschafft. Wir sind schon vier Fünftel von insgesamt 10 km gelaufen."

a) Berechne, wie viele km die Schüler noch wandern müssen.

b) Berechne, wie lange die Wanderung insgesamt dauert.

c) Erkläre, unter welcher Voraussetzung deine Rechnung von b) stimmt.

6

a) Ein Euro ist $\frac{17}{8}$ mm dick. Berechne, wie hoch ein Turm aus 20 Eurostücken ist.

b) Am Montag hat Max acht Schulstunden Unterricht und eine Schulstunde Mittagspause. Berechne, wie lange Max in der Schule ist.

Eine Schulstunde dauert $\frac{3}{4}$ h.

3.2 Brüche multiplizieren

Beim Berechnen von Anteilen oder Flächen- und Rauminhalten musst du immer wieder Brüche multiplizieren. Deshalb wiederholst du hier

- Brüche zu multiplizieren,
- die Rechenregeln der Multiplikation anzuwenden und
- geschickt zu rechnen.

WISSEN

So multiplizierst du Brüche miteinander

Treten bei den Faktoren negative Vorzeichen auf, musst du das Vorzeichen nach den Multiplikationsregeln bestimmen.

1. Schreibe die Aufgabe in einem Bruch. Überprüfe, ob du schon **vor** dem Multiplizieren kürzen kannst.
   $\frac{2}{5} \cdot \frac{3}{4}$
   $= \frac{\overset{1}{\cancel{2}} \cdot 3}{5 \cdot \underset{2}{\cancel{4}}}$
2. Multipliziere **Zähler mit Zähler** und **Nenner mit Nenner**.
   $= \frac{1 \cdot 3}{5 \cdot 2} = \frac{3}{10}$

Beispiele:

a) Berechne $\frac{14}{77} \cdot \frac{33}{12}$.

1. Schreibe als einen Bruch.
   $\frac{14 \cdot 33}{77 \cdot 12}$
2. Überprüfe, ob du kürzen kannst. Hier ist es sinnvoll, zuerst zu kürzen. **Kürze immer eine Zahl im Zähler mit einer Zahl im Nenner.**
   $\frac{\overset{7}{\cancel{14}} \cdot \overset{3}{\cancel{33}}}{\underset{7}{\cancel{77}} \cdot \underset{6}{\cancel{12}}} = \frac{7 \cdot 3}{7 \cdot 6} = \frac{\overset{1}{\cancel{7}} \cdot \overset{1}{\cancel{3}}}{\underset{1}{\cancel{7}} \cdot \underset{2}{\cancel{6}}}$
   $= \frac{1 \cdot 1}{1 \cdot 2}$
3. Berechne das Ergebnis.
   $= \frac{1}{2}$

b) Berechne $\frac{15}{8} \cdot \frac{6}{5} \cdot \frac{7}{12}$.

1. Schreibe als einen Bruch.
   $\frac{15 \cdot 6 \cdot 7}{8 \cdot 5 \cdot 12}$
2. Kürze, so weit du kannst.
   $\frac{\overset{3}{\cancel{15}} \cdot \overset{1}{\cancel{6}} \cdot 7}{8 \cdot \underset{1}{\cancel{5}} \cdot \underset{2}{\cancel{12}}} = \frac{3 \cdot 1 \cdot 7}{8 \cdot 1 \cdot 2}$
3. Berechne.
   $= \frac{21}{16}$

Beachte:
Beim Multiplizieren kannst du deinen Rechenaufwand oft erheblich verringern, wenn du so früh wie möglich kürzt.

WISSEN

Beim Multiplizieren von Größen musst du Folgendes beachten

Bei geometrischen Aufgaben musst du oft Größen multiplizieren.
Dabei kannst du zwei Aufgabentypen unterscheiden.

Aufgabentyp 1
Zwei Seiten einer Fläche sind gegeben, der Flächeninhalt soll berechnet werden.

Beispiel:
Berechne den Flächeninhalt.

1. Zum Rechnen müssen die Größen die **gleichen Einheiten** haben.
2. Multipliziere erst die Zahlen miteinander.
3. Zwei Längeneinheiten miteinander multipliziert ergeben die Längeneinheit im Quadrat. Füge die Flächeneinheit an.

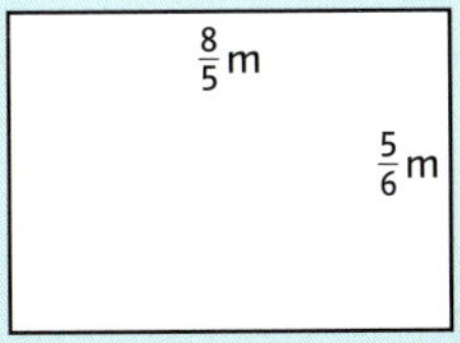

$$\frac{8}{5} \cdot \frac{5}{6} = \frac{8 \cdot 5}{5 \cdot 6} = \frac{4}{3}\ [m^2]$$

oder

$$\frac{8}{5}m \cdot \frac{5}{6}m = \frac{8 \cdot 5}{5 \cdot 6}m^2 = \frac{4}{3}m^2$$

Aufgabentyp 2
Drei Seiten eines Körpers oder die Grundfläche und die Höhe sind gegeben, der Rauminhalt soll berechnet werden.

Beispiel:
Berechne den Rauminhalt des Aquariums.

1. Zum Rechnen müssen die Größen die **gleichen Einheiten** haben.
2. Multipliziere erst die Zahlen miteinander.
3. Drei Längeneinheiten miteinander multipliziert ergeben die Längeneinheit hoch drei, also eine Volumeneinheit. Füge diese Volumeneinheit der Maßzahl an.

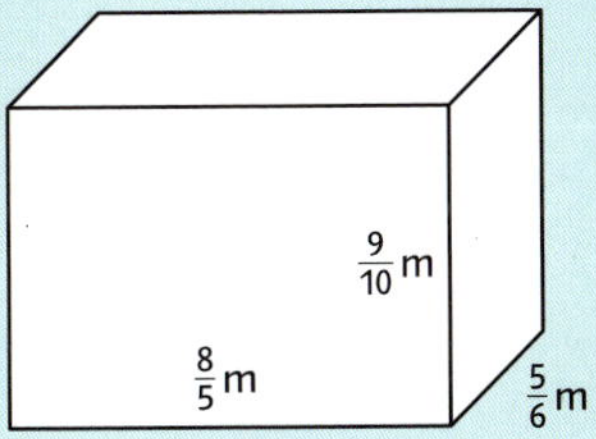

$$\frac{8}{5} \cdot \frac{5}{6} \cdot \frac{9}{10} = \frac{8 \cdot 5 \cdot 9}{5 \cdot 6 \cdot 10} = \frac{12}{10} = \frac{6}{5}\ [m^3]$$

oder $\frac{8}{5}m \cdot \frac{5}{6}m \cdot \frac{9}{10}m$

$$= \frac{8\,m^3 \cdot 5\,m^3 \cdot 9\,m^3}{5\,m^3 \cdot 6\,m^3 \cdot 10\,m^3} = \frac{12}{10}m^3 = \frac{6}{5}m^3$$

7

Berechne soweit wie möglich im Kopf.

a) $\frac{2}{3} \cdot \frac{1}{2}$ b) $\frac{2}{5} \cdot \frac{2}{3}$ c) $\frac{1}{7} \cdot \frac{3}{4}$ d) $\frac{5}{6} \cdot \frac{6}{7}$

e) $\frac{30}{20} \cdot \frac{18}{45}$ f) $\frac{33}{26} \cdot \frac{14}{88}$ g) $\frac{60}{48} \cdot \frac{72}{45}$ h) $\frac{81}{51} \cdot \frac{34}{54}$

8

Denke daran, zu kürzen!

Berechne.

$\cdot$	$\frac{3}{10}$	$\frac{2}{3}$	$\frac{5}{8}$
$\frac{3}{4}$			
$\frac{5}{6}$			
$\frac{8}{5}$			

9

Berechne die Produkte.

a) $\frac{2}{3} \cdot \frac{14}{6} \cdot \frac{9}{8}$ b) $\frac{4}{5} \cdot \frac{4}{5} \cdot \frac{4}{5}$ c) $\frac{1}{4} \cdot \frac{2}{3} \cdot \frac{3}{2} \cdot \frac{4}{1}$ d) $\frac{5}{2} \cdot \frac{3}{4} \cdot 1$

10

Wie viel sind …? Berechne.

a) $\frac{5}{6}$ von $\frac{3}{8}$ kg b) $\frac{2}{9}$ von $\frac{3}{10}$ l c) $\frac{9}{10}$ von $\frac{2}{3}$ m

11

Schreibe als Produkt von zwei Brüchen.

a) $\frac{8}{39}$ b) $\frac{32}{63}$ c) $\frac{40}{21}$

12 ★

Begründe, wie sich ein Produkt verändert, wenn
a) ein Faktor halbiert wird?
b) beide Faktoren verdoppelt werden?
c) ein Faktor halbiert, der zweite Faktor verdoppelt wird?
d) drei Faktoren halbiert werden?

13

Berechne die Flächeninhalte der folgenden Figuren.

Tipp:

$A_{Rechteck}$ = *Länge · Breite*

$A_{Parallelogramm}$ = *Länge · Höhe*

$A_{Dreieck}$ = *Seite · Höhe* · $\frac{1}{2}$

a)

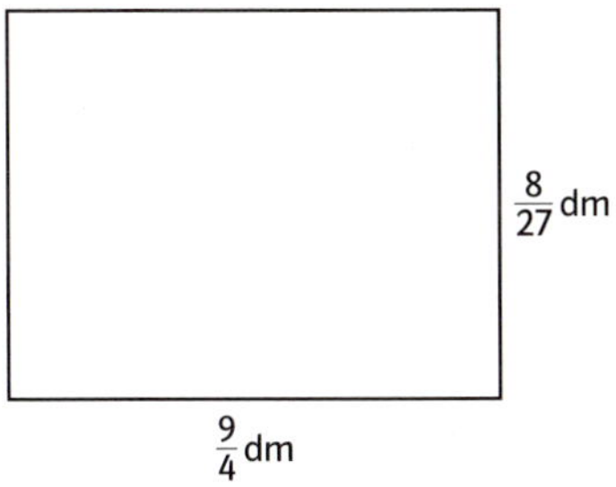

b)

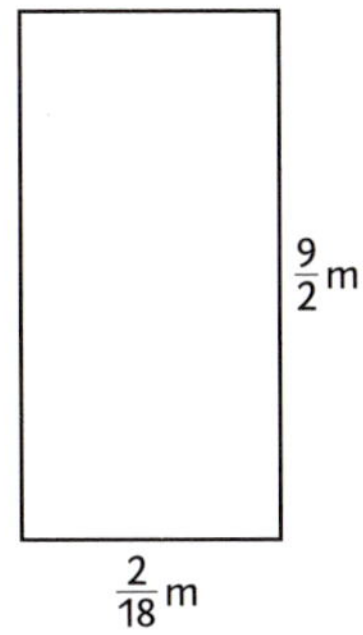

c)

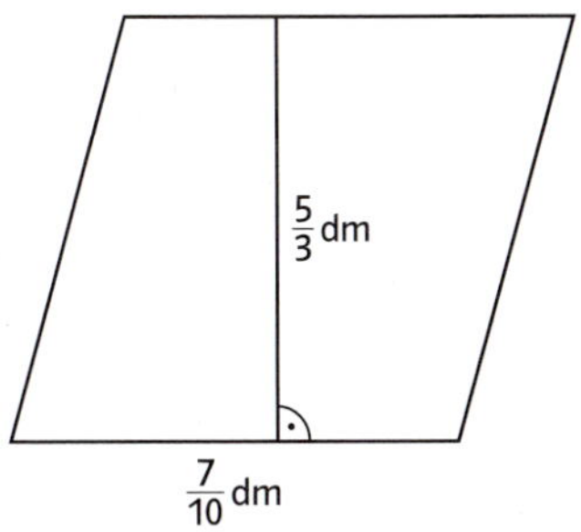

d)

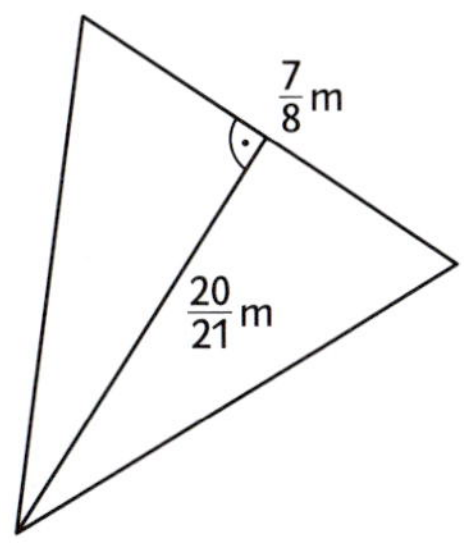

14

Berechne das Volumen der Behälter.

Tipp:

A_{Quader} = *Länge · Breite · Höhe*

a)

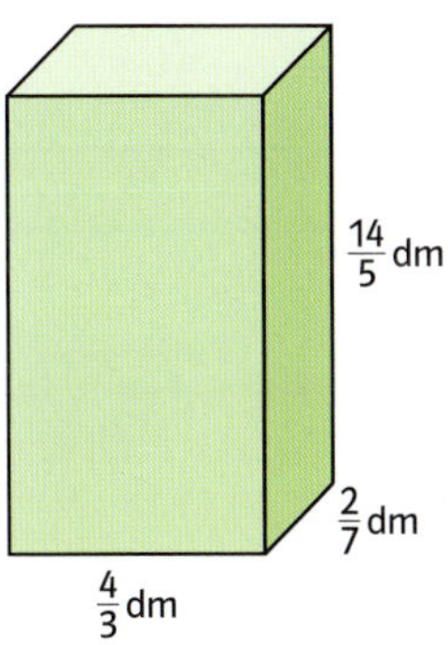

b)

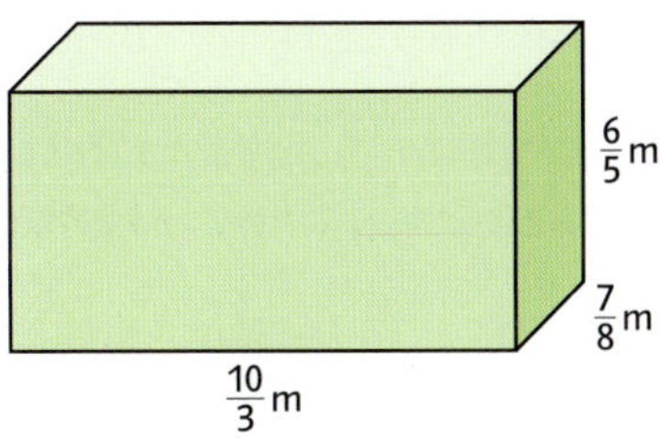

3.3 Brüche dividieren und Doppelbrüche

Addieren, Subtrahieren und Multiplizieren von Brüchen hast du schon geübt. Jetzt fehlt noch die Division. Die brauchst du vor allem bei geometrischen Aufgaben.
Deshalb wiederholst du hier

- Brüche durch Brüche zu dividieren,
- Größenangaben zu dividieren und
- Doppelbrüche berechnen.

WISSEN

Was ist ein Kehrbruch?

Den **Kehrbruch** (auch **Kehrwert**) eines Bruchs erhältst du, wenn du **Zähler und Nenner vertauschst**.

$\frac{3}{2} \leftrightarrow \frac{2}{3}$

Bruch Kehrbruch

So kannst du durch einen Bruch dividieren

Regel: Multipliziere den ersten Bruch (Dividend) mit dem Kehrbruch des zweiten Bruchs (Divisor).

Beispiel:

$\frac{8}{15} : \frac{4}{5}$

1. Bilde den Kehrbruch des Divisors, also des zweiten Bruchs, indem du Zähler und Nenner vertauschst.

   $\frac{4}{5} \leftrightarrow \frac{5}{4}$

2. Multipliziere den ersten Bruch mit dem Kehrbruch.

   $\frac{8}{15} : \frac{4}{5} = \frac{8}{15} \cdot \frac{5}{4}$

3. Kürze das Ergebnis gegebenenfalls.

   $= \frac{40}{60} = \frac{4}{6} = \frac{2}{3}$

Beim Dividieren von Größenangaben musst du Folgendes beachten

Bei geometrischen Aufgaben musst du oft Größen durcheinander teilen. Dabei kannst du zwei Aufgabentypen unterscheiden.

mit Online-Übungen

WISSEN

Aufgabentyp 1

Der Flächeninhalt einer Fläche und eine Seite sind gegeben, die fehlende Seite soll berechnet werden.

Beispiel:

Berechne die Länge der fehlenden Seite.

1. Überlege dir zuerst die Einheit der fehlenden Seite.

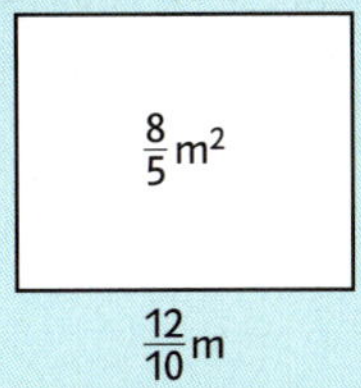

Tipp: $\frac{m^2}{m} = \frac{\cancel{m}m}{\cancel{m}} = m$

2. Dividiere den Flächeninhalt durch die Länge der Seite. Rechne ohne Einheiten.

$\frac{8}{5} : \frac{12}{10} = \frac{8 \cdot 10}{5 \cdot 12} = \frac{4}{3}$

3. Füge zum Ergebnis die Maßeinheit an.

Die fehlende Seite ist also $\frac{4}{3}$ m lang.

Aufgabentyp 2

Das Volumen eines Körpers und die Seiten der Grundfläche oder die Grundfläche selbst sind gegeben, die Höhe soll berechnet werden.

Beispiel:

Wie hoch steht das Wasser im Aquarium?

1. Überlege dir zuerst die Einheit der Höhe.
2. Dividiere das Volumen durch die Grundfläche. Rechne ohne Einheiten. Eventuell musst du noch die Grundfläche mit der Formel „Länge mal Breite“ berechnen.

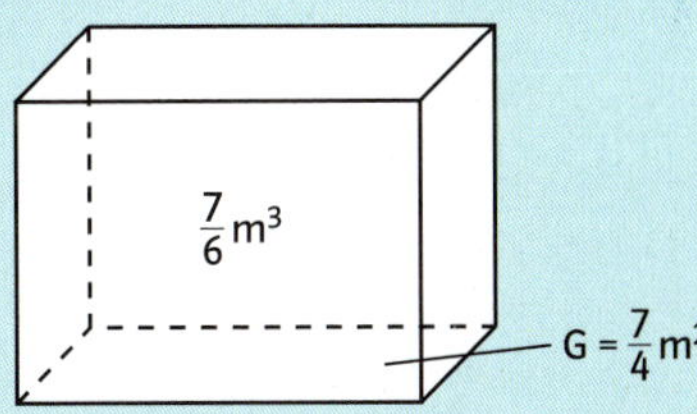

Tipp: $\frac{m^3}{m^2} = \frac{\cancel{m}\cancel{m}m}{\cancel{m} \cdot \cancel{m}} = m$

$\frac{7}{6} : \frac{7}{4} = \frac{7}{6} \cdot \frac{4}{7} = \frac{7 \cdot 4}{6 \cdot 7} = \frac{2}{3}$

3. Füge zum Ergebnis die Maßeinheit an.

Das Wasser steht also $\frac{2}{3}$ m hoch.

15

Berechne.

a) $\frac{3}{4} : \frac{1}{8}$
b) $\frac{16}{15} : \frac{4}{21}$
c) $\frac{17}{52} : \frac{85}{13}$
d) $\frac{3}{10} : \frac{9}{15}$
e) $\frac{18}{14} : \frac{6}{28}$
f) $\frac{49}{36} : \frac{21}{45}$
g) $\frac{44}{56} : \frac{55}{70}$
h) $\frac{4}{9} : \frac{2}{3}$
i) $\frac{3}{4} : \frac{6}{2}$

16

Rechne die Umkehraufgabe.

Ergänze die fehlenden Zahlen.

a) $\frac{3}{5} : \square = \frac{9}{20}$
b) $\square : \frac{3}{2} = \frac{4}{15}$
c) $\square : \frac{5}{7} = \frac{28}{15}$
d) $\frac{3}{8} : \square = \frac{33}{56}$

17

Fülle die Tabellen aus.

a)

:	$\frac{1}{2}$	$\frac{2}{3}$	$\frac{3}{4}$	$\frac{4}{5}$	$\frac{5}{8}$
$\frac{4}{7}$					
$\frac{4}{5}$					
$\frac{7}{3}$					
$\frac{6}{8}$					

b)

:	$\frac{4}{3}$	$\frac{5}{6}$	$\frac{3}{8}$	$\frac{15}{12}$	$\frac{25}{12}$
$\frac{1}{2}$					
$\frac{5}{4}$					
$\frac{9}{8}$					
$\frac{2}{3}$					

18

Berechne jeweils die fehlende Seite.

a)
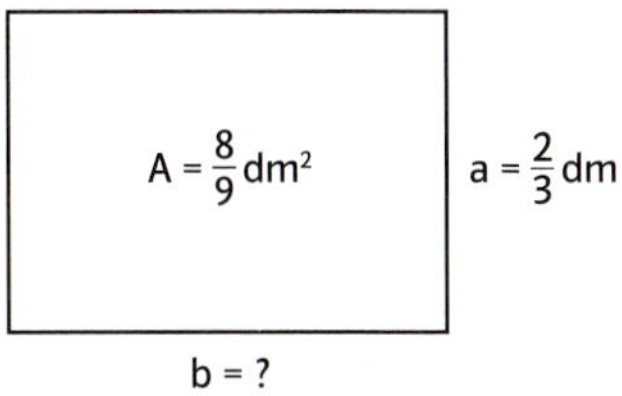

b)
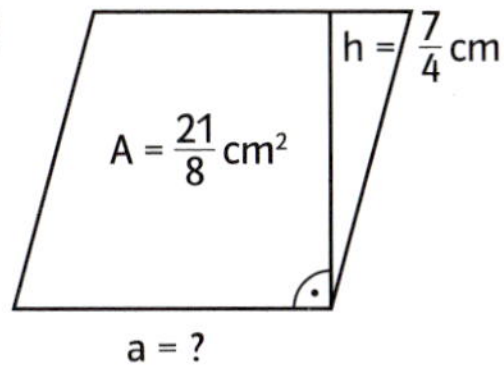

c)
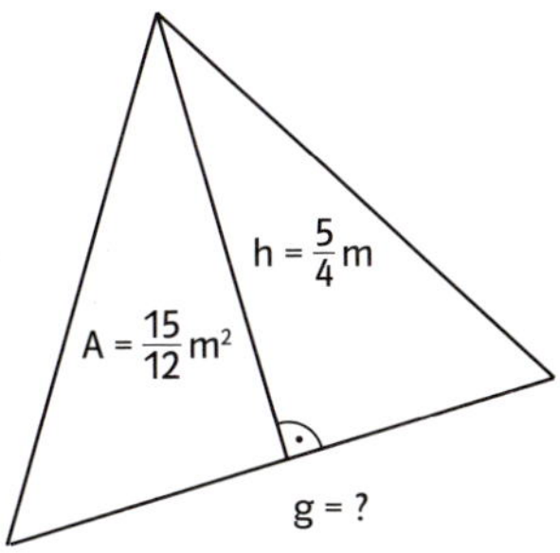

Beachte:
$A_{\Delta} = \text{Seite} \cdot \text{Höhe} \cdot \frac{1}{2}$

19

Berechne die Höhe.

a)
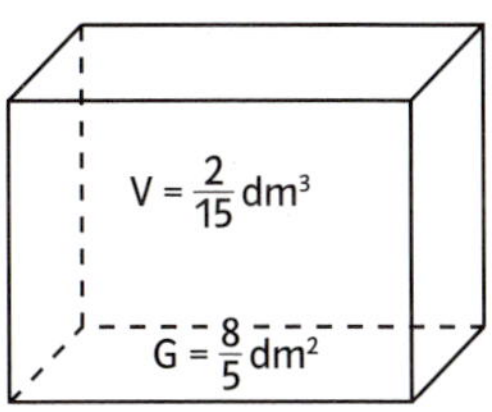

b)
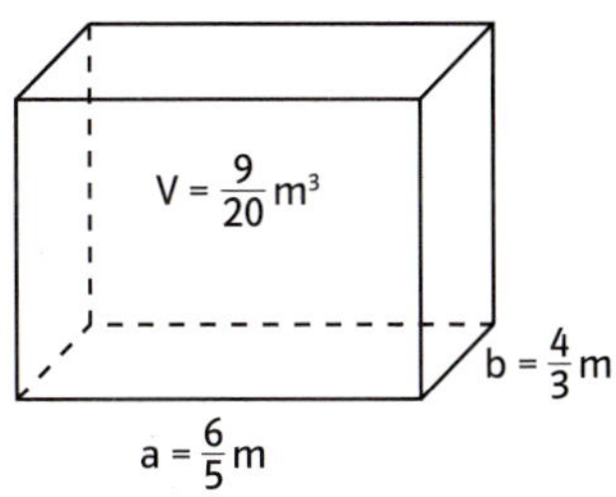

20 ★

1 2 3 4

Bilde aus den Zahlenkärtchen erst zwei Brüche und damit dann zwei Divisionsaufgaben, so dass das Ergebnis
a) so groß wie möglich wird.
b) so klein wie möglich wird.

WISSEN

Was ist ein Doppelbruch?

Ein **Doppelbruch** ist eine andere Schreibweise für die **Division zweier Brüche**. Dabei ersetzt der (große) Bruchstrich das Geteiltzeichen.

Beispiel:

$\frac{\frac{2}{5}}{\frac{6}{10}} = \frac{2}{5} : \frac{6}{10}$; $\frac{\frac{7}{8}}{\frac{4}{5}} = \frac{7}{8} : \frac{4}{5}$

So berechnest du einen Doppelbruch

Beispiel:

Berechne $\frac{\frac{2}{5}}{\frac{6}{10}}$.

Achtung: Bestehen Zähler und Nenner aus Termen, ersetzt der Bruchstrich die Klammern.

1. Schreibe den Doppelbruch als Division, also Bruch im Zähler geteilt durch den Bruch im Nenner. $\frac{\frac{2}{5}}{\frac{6}{10}} = \frac{2}{5} : \frac{6}{10}$
2. Bilde vom zweiten Bruch den Kehrbruch und multipliziere den ersten Bruch damit. Vergiss nicht zu kürzen. $= \frac{2}{5} \cdot \frac{10}{6}$ $= \frac{20}{30} = \frac{2}{3}$

21

Berechne.

a) $\frac{\frac{3}{4}}{\frac{3}{2}}$ b) $\frac{\frac{1}{7}}{\frac{5}{14}}$ c) $\frac{\frac{3}{8}}{\frac{9}{2}}$

d) $\frac{\frac{8}{9}}{\frac{3}{10}}$ e) $\frac{\frac{4}{5}}{\frac{2}{3}}$ f) $\frac{\frac{16}{21}}{\frac{24}{7}}$

g) $\frac{\frac{70}{36}}{\frac{35}{48}}$ h) $\frac{\frac{2}{3}+\frac{5}{6}}{\frac{9}{4}}$ i) $\frac{\frac{4}{15}}{\frac{2}{5}+\frac{3}{10}}$

mit Online-Übungen

3.4 Gemischte Zahlen multiplizieren und dividieren

Bei Rechnungen treten oft gemischte Zahlen auf. Das Multiplizieren und Dividieren von gemischten Zahlen geht nicht ganz so leicht wie das Addieren und Subtrahieren.
Deshalb übst du hier
- noch einmal das Umwandeln von gemischten Zahlen in Brüche und
- gemischte Zahlen zu multiplizieren und zu dividieren.

WISSEN

So multiplizierst und dividierst du gemischte Zahlen

1. Wandle die gemischten Zahlen in Brüche um.
2. Rechne weiter nach den Regeln der Multiplikation oder Division.

Beispiele:

a) $2\frac{1}{4} : 3\frac{3}{8} = \frac{9}{4} : \frac{27}{8} = \frac{9}{4} \cdot \frac{8}{27} = \frac{2}{3}$

b) $1\frac{4}{5} \cdot 4\frac{1}{6} = \frac{9}{5} \cdot \frac{25}{6} = \frac{15}{2} = 7\frac{1}{2}$

Tipp:
Wandle das Ergebnis wieder in eine gemischte Zahl um.

22

Berechne. Schreibe das Ergebnis als gemischte Zahl.

a) $2\frac{4}{6} \cdot 2\frac{1}{4}$ b) $2\frac{1}{3} \cdot 1\frac{1}{4}$ c) $2\frac{1}{4} \cdot 1\frac{3}{5}$

23

Berechne. Schreibe das Ergebnis als gemischte Zahl.

a) $\frac{5}{8} : 3\frac{1}{25}$ b) $4\frac{1}{6} : 1\frac{1}{2}$ c) $3\frac{3}{5} : \frac{3}{5}$

24

Fülle die Lücken aus.

a) $2\frac{2}{5} \cdot \square = 5\frac{3}{5}$ b) $3\frac{3}{4} : \square = 5\frac{1}{4}$

c) $\square \cdot 1\frac{3}{7} = 2\frac{1}{2}$ d) $\square : 3\frac{1}{5} = 1\frac{1}{24}$

3.5 Mit Zehnerpotenzen multiplizieren und dividieren

Besonders einfach kannst du Dezimalzahlen mit Zehnerzahlen multiplizieren oder durch Zehnerzahlen dividieren, wenn du das Komma richtig verschiebst.
Deshalb übst du hier
- das Rechnen mit Kommaverschiebung und
- die Bedeutung der Kommaverschiebung.

WISSEN

So multiplizierst du Dezimalzahlen mit einer Zehnerpotenz

Beachte: Lücken musst du mit Nullen auffüllen.

Bei einer **Multiplikation** mit einer Zehnerpotenz musst du das **Komma um die Anzahl der Nullen nach rechts verschieben**.
Reicht die Anzahl der Ziffern nicht aus, musst du zusätzliche Nullen anhängen.

$6{,}456 \cdot 10 = 64{,}56$
$6{,}456 \cdot 100 = 645{,}6$
$6{,}456 \cdot 1000 = 6456$
$6{,}456 \cdot 10\,000 = 64\,560$

So dividierst du Dezimalzahlen durch eine Zehnerpotenz

Bei einer **Division** durch eine Zehnerpotenz musst du das **Komma um die Anzahl der Nullen nach links verschieben**.
Reicht die Anzahl der Ziffern nicht aus, musst du in die Lücken Nullen einfügen.

$83{,}01 : 10 = 8{,}301$
$83{,}01 : 100 = 0{,}8301$
$83{,}01 : 1000 = 0{,}08301$
$83{,}01 : 10\,000 = 0{,}008301$

Beachte:
Die Division einer Dezimalzahl durch 10, durch 100 oder durch 1000 entspricht einer Multiplikation mit $0{,}1 = \frac{1}{10}$, mit $0{,}01 = \frac{1}{100}$, bzw. mit $0{,}001 = \frac{1}{1000}$.

25

Berechne die Produkte.

a) $35{,}64 \cdot 10$ b) $0{,}414 \cdot 100$ c) $4{,}85 \cdot 1000$
d) $23 \cdot 100$ e) $0{,}25 \cdot 100$ f) $54{,}845 \cdot 10\,000$

26

Berechne die Quotienten.

a) $42{,}605 : 10$ b) $0{,}54 : 100$ c) $5{,}41 : 1000$
d) $7{,}159 : 100$ e) $21 : 10$ f) $982{,}31 : 10\,000$

27

Gib an, welche zwei Terme den gleichen Wert haben.

$0{,}52 \cdot 10$ $5{,}2 : 10$ $0{,}052 \cdot 1000$ $52 : 100$

$5{,}2 \cdot 10$ $520 : 100$ $0{,}0052 \cdot 1000$

28★

Welche Rechnungen musst du hier durchführen? Ergänze die Lücken.

a) $0{,}63$ ___ $= 630$ b) $1{,}7$ ___ $= 0{,}017$
c) ___ $: 100 = 0{,}072$ d) $0{,}646$ ___ $= 6460$
e) $0{,}45$ ___ $= 0{,}0045$ f) ___ $\cdot 100 = 8{,}09$

29★

Eine Zahl wird zuerst durch 10 geteilt, das Ergebnis nochmals durch 100 dividiert. Welche Zahl ergibt sich, wenn die Zahl anschließend mit 10 000 multipliziert wird? Begründe.

30★

Berechne die Aufgaben ohne Zwischenschritte.

a) $65{,}26 \cdot 100 : 10\,000 \cdot 1000$ b) $0{,}0184 \cdot 10 \cdot 100 \cdot 1000$
c) $75\,501{,}08 : 10 : 100 : 1000$ d) $92{,}03 \cdot 10 \cdot 100 : 1000 : 1000$

3.6 Dezimalzahlen multiplizieren

Beim Rechnen mit Größen musst du häufig zwei Dezimalzahlen miteinander multiplizieren. Bisher musstest du dafür die Größen umwandeln oder die Dezimalzahlen in Brüche umwandeln.
Hier übst du die Multiplikation von Dezimalzahlen ohne Umweg.

WISSEN

So multiplizierst du zwei Dezimalzahlen

Beispiel: Berechne $4{,}83 \cdot 0{,}912$.

Vorzeichenregeln

·	+	−
+	+	−
−	−	+

1. Bestimme gegebenenfalls das Vorzeichen nach den Vorzeichenregeln der Multiplikation und führe zuerst eine **Überschlagsrechnung** durch.
2. Multipliziere die Zahlen ohne Berücksichtigung der Kommas und der Vorzeichen.
3. **Zähle** die **Nachkommastellen** der beiden Zahlen **zusammen**.
4. Setze das Komma so, dass das Ergebnis genauso viele Stellen nach dem Komma hat wie beide Faktoren zusammen.

Überschlag: $5 \cdot 1 = 5$

4	8	3	·	0	9	1	2
				0			
		4	3	4	7		
				4	8	3	
					9	6	6
		4	4	0	4	9	6

4,83 und 0,912 haben insgesamt 5 Nachkommastellen.
Ergebnis: 4,40496
← 5 Stellen

31

Berechne im Kopf.

a) $0{,}3 \cdot 5$ b) $0{,}12 \cdot 7$ c) $2{,}1 \cdot 6$
d) $0{,}015 \cdot 4$ e) $0{,}23 \cdot 5$ f) $0{,}8 \cdot 0{,}1$
g) $1{,}1 \cdot 0{,}9$ h) $0{,}8 \cdot 0{,}7$ i) $0{,}04 \cdot 0{,}6$

32

Berechne schriftlich. Überprüfe dein Ergebnis durch eine Überschlagsrechnung.

a) $2{,}563 \cdot 4{,}01$ b) $61{,}91 \cdot 2{,}23$ c) $1{,}24 \cdot 0{,}79$
d) $5{,}9 \cdot 39{,}82$ e) $10{,}42 \cdot 0{,}5$ f) $15{,}9 \cdot 0{,}48$

mit Online-Übungen

33 ★

Setze das Komma so, dass das Ergebnis stimmt.

a) 52,731 · 132 = 6960492 b) 0,13 · 93124 = 1210612
c) 8,02 · 6639 = 5324478 d) 727,1 · 9301 = 67627571

34 ★

Suche die Fehler und rechne die Aufgaben richtig.

a) 0,5 · 0,3 = 0,15 b) 7,1 · 10 = 70,10
c) 0,4 · 0,5 = 0,2 d) 0,2 · 0,2 = 0,4
e) 2,4 · 0,5 = 1,2 f) 0,003 · 3 = 3,003

Hast du hier Probleme, musst du das Einmaleins noch mal trainieren.

35 ★

Finde je drei Multiplikationsaufgaben, die folgende Ergebnisse haben.

a) 6,25 b) 0,124

36

Berechne den Flächeninhalt der Rechtecke mit den angegebenen Seitenlängen.

a) a = 0,5 m; b = 0,85 m
b) a = 12,58 dm; b = 27,7 dm

Tipp:
Hat der zweite Faktor mehr Stellen, kannst du dir durch Vertauschen der Faktoren einen Rechenvorteil verschaffen.

37

Berechne den Rauminhalt der Pakete und sortiere sie der Größe nach.

a) 22,5 cm × 14,5 cm × 3,5 cm
b) 37,5 cm × 13 cm × 13 cm
c) 25 cm × 17,5 cm × 10 cm
d) 40 cm × 25 cm × 15 cm
e) 50 cm × 30 cm × 20 cm
f) 35 cm × 25 cm × 12 cm

3.7 Dezimalzahlen durch eine ganze Zahl dividieren

Die Division einer Dezimalzahl durch eine ganze Zahl hast du wahrscheinlich schon öfter durchgeführt, z. B. wenn du deinen Notendurchschnitt ausgerechnet hast.
In diesem Abschnitt wiederholst du noch einmal
- eine Dezimalzahl durch eine ganze Zahl zu dividieren und
- deine Rechnung durch einen Überschlag zu kontrollieren.

WISSEN

So dividierst du eine Dezimalzahl durch eine ganze Zahl

1. Dividiere, wie du es bei ganzen Zahlen gewohnt bist.
2. Setze beim Überschreiten des Kommas auch im Ergebnis ein Komma.
3. Überprüfe dein Ergebnis durch eine Überschlagsrechnung.

Tipp: Wähle beim Überschlagen die Zahlen so, dass du die Rechnung gut im Kopf lösen kannst.

Beispiel:
Berechne 28,8 : 12.

2	8,	8	:	1	2	=	2,	4
2	4							
	4	8						
	4	8						
		0						

Überschlag: 24 : 12 = 2

Beispiele:

a) Berechne 7,65 : 9.
Hier musst du schon gleich zu Beginn das Komma setzen, da „9 nicht in 7 geht". Also beginnt das Ergebnis mit 0,… .

7,	6	5	:	9	=	0,	8	5
0								
7	6							
7	2							
	4	5						
	4	5						
		0						

Überschlag: 8,1 : 9 = 0,9

b) Berechne 18,2 : 4.
Hier geht die Division nicht sofort auf. Deshalb kannst du an den Rest eine 0 setzen und weiter rechnen.

1	8,	2	:	4	=	4,	5	5
1	6							
	2	2						
	2	0						
		2	0					
		2	0					
			0					

Überschlag: 20 : 4 = 5

38

Berechne im Kopf.

a) 0,15 : 5 b) 5,6 : 8 c) 0,66 : 3 d) 1,12 : 8
e) 0,012 : 4 f) 9,27 : 9 g) 4,9 : 7 h) 0,077 : 11

39

Es ist 4260 : 5 = 852. Berechne damit die folgenden Quotienten und erkläre, wie du vorgehen musst.

a) 426 : 5 b) 42,6 : 5 c) 4,26 : 5 d) 0,426 : 5
e) 4260 : 50 f) 426 : 50 g) 42,6 : 50 h) 4,26 : 50
i) 4260 : 500 j) 426 : 500 k) 42,6 : 500 l) 4,26 : 500

40

Berechne die Quotienten.

a) 35,88 : 6 b) 49,623 : 7 c) 42,6 : 15 d) 532,32 : 8
e) 3,52 : 5 f) 0,374 : 11 g) 910,65 : 50 h) 28,08 : 12

41*

Ergänze Kommas so, dass eine richtige Aufgabe entsteht.

a) 3032 : 8 = 3,97 b) 4125 : 3 = 13,75 c) 6828 : 12 = 0,569
d) 322 : 5 = 6,44 e) 110 432 : 7 = 15,776 f) 6498 : 9 = 7,22

42

a) Jan soll aus einem 5,79 m langen Seil ein gleichseitiges Dreieck legen. Berechne, wie lang jede Seite ist.
b) Delia hat ein 7,5 dm langes Drahtstück und soll ein Quadrat formen. Berechne, wie lang eine Seite ist.

43

a) Ein Kasten Mineralwasser mit 12 Flaschen kostet 4,68 € ohne Pfand. Berechne, wie viel eine Flasche kostet.
b) Ein Kasten Apfelsaft mit sechs 1 l-Flaschen kostet 7,98 €. Berechne, was eine Flasche Apfelsaft kosten müsste.

44

Nach dem Schullandheimaufenthalt sind noch 355 € übrig, die an die 32 Schüler ausgezahlt werden sollen. Berechne, wie viel Euro jeder Schüler zurück bekommt.

Tipp:
Rechne auf Cent genau, denn genauer zu rechnen macht hier keinen Sinn.

3.8 Dezimalzahlen dividieren

Du kannst zwei Dezimalzahlen dividieren, indem du sie in Brüche umwandelst und diese nach den Regeln der Division bei Brüchen teilst. Dieses Verfahren ist oft sehr umständlich, vor allem, wenn die Dezimalzahlen mehrere Stellen nach dem Komma haben.
Deshalb wiederholst du hier
› Dezimalzahlen schriftlich zu dividieren,
› deine Rechnung durch eine Überschlagsrechnung zu überprüfen.

WISSEN

So kannst du Dezimalzahlen dividieren

1. Verschiebe bei **beiden** Zahlen das Komma um gleich viele Stellen so weit nach rechts, bis der **Divisor**, also die Zahl, durch die geteilt wird, eine **ganze Zahl** ist.
2. Rechne nun weiter, wie du es bei der Division durch eine ganze Zahl gelernt hast. Vergiss nicht, beim Überschreiten des Kommas auch im Ergebnis ein Komma zu setzen.
3. Überprüfe dein Ergebnis durch eine Überschlagsrechnung.

Beispiel:
Berechne 68,25 : 0,3.
682,5 : 3

	6	8	2,	5	:	3	=	2	2	7,	5
−	6										
	0	8									
		6									
		2	2								
		2	1								
			1	5							
			1	5							
				0							

Überschlag: 68,25 : 0,3 = 682,5 : 3
≈ 690 : 3 = 230

Beachte:
Hat die Zahl, durch die du teilen musst (der Divisor), mehr Nachkommastellen als die zu teilende Zahl (der Dividend), dann musst du an diese erste, zu teilende Zahl Nullen anhängen.

Beispiele:
8,5 : 0,25 = 850 : 25 = 34
5,6 : 0,008 = 56000 : 8 = 7000

45

Berechne im Kopf.

a) 5 : 0,1
b) 2 : 0,5
c) 3,2 : 0,4
d) 1 : 0,25
e) 0,6 : 0,2
f) 0,6 : 0,05
g) 1,8 : 0,06
h) 22 : 0,01

46

Berechne die Quotienten schriftlich.

a) 0,1893 : 0,03
b) 17,484 : 1,2
c) 0,5229 : 0,9
d) 3,15 : 0,125
e) 0,36 : 0,016
f) 7,0161 : 0,7
g) 4,344 : 0,8
h) 0,5535 : 1,5

47

Führe jeweils eine Überschlagsrechnung durch und kreuze dann die richtige Lösung an.

a) 22,8 : 4,56
- ☐ 0,05
- ☐ 0,5
- ☐ 5
- ☐ 50
- ☐ 500

b) 1,61 : 0,07
- ☐ 0,023
- ☐ 0,23
- ☐ 2,3
- ☐ 23
- ☐ 230

c) 18,45 : 1,5
- ☐ 0,0123
- ☐ 0,123
- ☐ 1,23
- ☐ 12,3
- ☐ 123

48★

Yannick hat ein neues Aquarium bekommen. Es ist 1,5 m lang, 0,6 m breit und 1 m hoch. Er füllt 800 l Wasser ein. Berechne, wie hoch das Wasser im Aquarium steht.

Tipp:
1 l = 1 dm^3

3.9 Dezimalzahlen und Brüche

Eine Dezimalzahl in einen Bruch umzuwandeln, ist nicht schwer, da Dezimalzahlen nur Zehnerzahlen im Nenner haben. Wie ist das aber, wenn du einen beliebigen Bruch in eine Dezimalzahl umwandeln willst? Dazu kannst du die Division von Dezimalzahlen als Hilfsmittel nehmen. Deshalb übst du in diesem Abschnitt noch einmal

- die Division von Dezimalzahlen,
- einen beliebigen Bruch in eine Dezimalzahl umzuwandeln.

WISSEN

So wandelst du einen Bruch in eine Dezimalzahl um

Du kannst jeden Bruch als Quotienten schreiben, indem du den Zähler durch den Nenner dividierst. Dabei können zwei Fälle auftreten.

1. **abbrechende Dezimalzahlen**
   Die Ziffernfolge nach dem Komma bricht ab.

Beispiel: $\frac{5}{8}$

	5	:	8	=	0,	6	2	5
	0							
	5	0						
−	4	8						
		2	0					
	−	1	6					
			4	0				
		−	4	0				
				0				

2. **periodische Dezimalzahlen**
   Eine Ziffer oder Ziffernfolge wiederholt sich nach dem Komma ständig.
   Man nennt sie **Periode** und kennzeichnet sie mit einem Oberstrich.

Beispiel: $\frac{2}{3}$

	2	:	3	=	0,	6	6	6
	0							
	2	0						
−	1	8						
		2	0					
	−	1	8					
			2	0				
		−	1	8				
				2	0			
					⋮			

$= 0,\overline{6}$
lies: null Komma Periode sechs

Beachte:
Tritt die Periode nicht direkt nach dem Komma auf, wie z. B. bei $\frac{1}{12} = 0,08\overline{3}$, so nennt man diese Zahl gemischt periodisch.

49

a) Überprüfe durch schriftliches Dividieren, ob es sich bei den folgenden Brüchen um abbrechende oder periodische Dezimalzahlen handelt.

$\frac{1}{4}$; $\frac{3}{4}$; $\frac{1}{8}$; $\frac{3}{8}$; $\frac{1}{3}$; $\frac{1}{6}$; $\frac{5}{6}$; $\frac{1}{7}$; $\frac{2}{7}$; $\frac{1}{5}$; $\frac{1}{9}$

b) Woran kannst du erkennen, ob es sich bei einem Bruch um eine abbrechende oder periodische Dezimalzahl handelt? Erkläre.

50

Welcher Bruch gehört zu welcher Dezimalzahl? Ordne von links nach rechts jeder Dezimalzahl den passenden Bruch zu und du erhältst das Lösungswort.

$0{,}375$ $0{,}\overline{1}$ $0{,}8$ $0{,}\overline{6}$ $0{,}\overline{3}$ $0{,}1$ $0{,}08\overline{3}$ $0{,}\overline{8}$

$\frac{8}{9}$ N	$\frac{1}{10}$ E	$\frac{1}{12}$ I	$\frac{3}{8}$ E
$\frac{2}{3}$ S	$\frac{4}{5}$ N	$\frac{1}{9}$ I	$\frac{1}{3}$ T

51

Hier besteht die Periode aus einer längeren Ziffernfolge. Wandle den Bruch in eine periodische Dezimalzahl um.

a) $\frac{1}{7}$ b) $\frac{1}{21}$ c) $\frac{1}{35}$

52

Gib die Ziffer an, die an der 12. Stelle nach dem Komma steht.

a) $\frac{1}{15} = 0{,}0\overline{6}$ b) $\frac{5}{12} = 0{,}41\overline{6}$ c) $\frac{2}{7} = 0{,}\overline{285714}$

53★

Du hast schon verschiedene Perioden kennengelernt. Erkläre, wie lang eine Periode bei einem Stammbruch maximal sein kann.

Ein Stammbruch ist ein Bruch mit Zähler 1.

Tipp: Berechne als Hilfe $\frac{1}{7}$ und $\frac{1}{17}$. Beide haben maximale Periodenlänge.

3.10 Rechenausdrücke mit Brüchen und Dezimalzahlen

Die Rechenregeln und Gesetze, die du schon bei den ganzen Zahlen kennengelernt hast, gelten auch bei den Brüchen. Sie legen die Reihenfolge beim Rechnen fest und helfen dir, einfacher zu rechnen.
Deshalb übst du hier

- den Umgang mit den Rechenregeln und Gesetzen bei Brüchen,
- wie du Rechenausdrücke durch Anwenden der Rechengesetze vereinfachen und lösen kannst.

WISSEN

Beachte beim Rechnen stets die Vorfahrtsregeln

1. Was in **Klammern** steht, wird zuerst berechnet.
2. **Punkt**rechnung geht **vor Strich**rechnung.
3. Treten nur Punkt- oder nur Strichrechnungen und keine Klammern auf, rechne **von links nach rechts**.

Gehe beim Berechnen von Termen schrittweise vor

Ein Rechenbaum hilft dir, deine Aufgabe übersichtlich zu lösen.
Schreibe jede Umformung in eine neue Zeile, die du immer mit „=" beginnst.
Übernimm die unveränderten Teile.
Schreibe das Ergebnis als vollständig gekürzten Bruch.

$$\frac{3}{4}\cdot\underbrace{\left(\frac{1}{3}+\frac{5}{6}\right)}$$
$$=\frac{3}{4}\cdot\quad\frac{7}{6}$$
$$=\frac{\overset{1}{\cancel{3}}\cdot 7}{4\cdot\underset{2}{\cancel{6}}}$$
$$=\frac{7}{8}$$

54

Übersetze jeden Term in einen Text (in Wortform) und berechne ihn.

a) $\frac{3}{4}+\frac{5}{4}\cdot\frac{1}{2}$

b) $\left(\frac{1}{5}+\frac{3}{10}\right)\cdot\left(\frac{5}{3}+\frac{7}{4}\right)$

c) $\frac{3}{10}+\frac{3}{5}-\frac{1}{10}+2$

d) $\frac{1}{8}\cdot\frac{2}{5}\cdot\frac{3}{2}\cdot\frac{5}{8}$

e) $0{,}75+2\cdot(0{,}25+1{,}5)$

f) $10{,}9+0{,}5:1{,}25$

mit Online-Übungen

55

Schreibe einen Term auf und berechne ihn.

a) Addiere das Produkt aus $\frac{9}{2}$ und $\frac{4}{15}$ zur Differenz aus $\frac{7}{10}$ und $\frac{1}{5}$.

b) Subtrahiere den Quotienten aus $\frac{9}{20}$ und $\frac{2}{5}$ von der Summe aus $\frac{1}{4}$ und $\frac{5}{8}$.

c) Multipliziere den Quotienten aus 5 und 8 mit der Differenz aus $\frac{7}{3}$ und $\frac{4}{5}$.

56 ★

Setze Klammern so, dass die Rechnungen stimmen.

a) $\frac{1}{4} \cdot \frac{7}{10} - \frac{3}{10} + \frac{9}{10} = 1$ b) $\frac{2}{3} + 3 \cdot \frac{3}{4} - \frac{1}{4} = \frac{13}{6}$ c) $\frac{5}{6} + \frac{1}{2} : \frac{5}{4} - \frac{7}{8} = \frac{1}{2}$

57

Welcher Term passt zu welcher Textaufgabe? Ordne zu.

① $7 \cdot 1{,}2 - (2 \cdot 0{,}4 + 7)$

② $(7 \cdot 1{,}2 + 3 \cdot 0{,}4) : 7$

③ $(1{,}2 \cdot 0{,}4 \cdot 2 \cdot 0{,}4) : 7$

a) Oskar schwimmt täglich im Training 1,2 km. Zusätzlich trainiert noch dreimal pro Woche in der Schule und schwimmt dort 0,4 km. Wie viel km schwimmt er täglich im Schnitt?

b) Max erhält jeden Tag 1,20 € Taschengeld. Davon gibt er 2 · 0,4 € für Kaugummis aus und 7 € fürs Kino. Wie viel Geld hat er am Ende der Woche übrig?

c) Das neue Aquarium von Lena ist 1,2 m lang, 0,4 m breit und 0,8 m hoch. Im Aquarium schwimmen zur Zeit 7 Fische. Wie viel Platz hat jeder Fisch zur Verfügung?

58 ★

Finde die Fehler, korrigiere sie und löse die Aufgabe richtig.

a) $\frac{1}{4} + \frac{2}{3} \cdot \frac{6}{8}$

$= \frac{3}{12} + \frac{8}{12} \cdot \frac{6}{8}$

$= \frac{11}{12} \cdot \frac{6}{8} = \frac{11}{16}$

b) $\frac{20}{15} : \frac{5}{18} + \frac{1}{3}$

$= \frac{5}{3} : \frac{5}{18} + \frac{1}{3}$

$= \frac{25}{54} + \frac{1}{3} = \frac{25}{54} + \frac{18}{54} = \frac{43}{54}$

WISSEN

Was ist das Distributivgesetz (Verteilungsgesetz)?

Es gibt Terme, in denen die Klammerregel zu umständlichen Rechnungen führt. In solchen Fällen verschafft dir das **Distributivgesetz** Rechenvorteile. Beim Kopfrechnen wendest du das Verteilungsgesetz bereits an.
Statt $4 \cdot 36$ kannst du geschickter $4 \cdot 30 + 4 \cdot 6 = 120 + 24 = 144$ rechnen.

Allgemein kann man das Distributivgesetz schreiben:
$a \cdot (b + c) = a \cdot b + b \cdot c$

Das Distributivgesetz kann dir also dabei helfen, eine Summe oder eine Differenz mit einer Zahl geschickt zu multiplizieren.

Beispiel:
Berechne $0{,}5 \cdot (2{,}2 + 1{,}8)$.

1. Multipliziere jeden Summanden aus der Klammer mit der Zahl.
2. Addiere diese beiden Produkte.

$$0{,}5 \cdot (2{,}2 + 1{,}8)$$
$$= 0{,}5 \cdot 2{,}2 + 0{,}5 \cdot 1{,}8$$
$$= 1{,}1 + 0{,}9 = 2$$

Diesen Vorgang nennt man auch **Ausmultiplizieren**.

Du kannst **das Verteilungsgesetz** aber auch **rückwärts anwenden.**

Beispiel:
Berechne $1{,}6 \cdot 9{,}8 - 1{,}6 \cdot 1{,}8$.

1. Suche den gleichen Faktor und schreibe ihn **vor** eine Klammer, die beiden übrigen Faktoren mit dem Rechenzeichen **in** die Klammer.
2. Berechne die Klammer und multipliziere das Ergebnis mit der Zahl vor der Klammer.

$$1{,}6 \cdot 9{,}8 - 1{,}6 \cdot 1{,}8$$
$$= 1{,}6 \cdot \underbrace{(9{,}8 - 1{,}8)}$$
$$= 1{,}6 \cdot 8$$
$$= 12{,}8$$

Diesen Vorgang nennt man auch **Ausklammern**.

Beispiele:
Welche Zahl musst du für ☐ jeweils einsetzen?

a) $\frac{1}{3} \cdot \left(\frac{3}{4} + \frac{6}{7}\right) = \square \cdot \frac{3}{4} + \square \cdot \frac{6}{7}$
In den Platzhalter musst du die Zahl vor der Klammer schreiben, also $\frac{1}{3} \cdot \left(\frac{3}{4} + \frac{6}{7}\right) = \frac{1}{3} \cdot \frac{3}{4} + \frac{1}{3} \cdot \frac{6}{7}$.

b) $0{,}2 \cdot 0{,}7 + 4{,}3 \cdot 0{,}2 = \square \cdot (0{,}7 + 4{,}3)$
In den Platzhalter musst du den gemeinsamen Faktor schreiben, also $0{,}2 \cdot 0{,}7 + 4{,}3 \cdot 0{,}2 = 0{,}2 \cdot (0{,}7 + 4{,}3)$.

59

Setze für $\square$ jeweils die passende Zahl ein.

a) $\frac{5}{8} \cdot \left(\frac{7}{3} - \frac{2}{7}\right) = \square \cdot \frac{7}{3} - \square \cdot \frac{2}{7}$

b) $\square \cdot (1{,}7 + 2{,}8) = 1{,}7 \cdot 4{,}9 + 2{,}8 \cdot 4{,}9$

c) $\frac{3}{8} \cdot \left(\square - \frac{2}{9}\right) = \frac{3}{8} \cdot \frac{5}{11} - \frac{2}{9} \cdot \frac{3}{8}$

d) $5{,}7 \cdot (3{,}5 + \square) = \square \cdot 5{,}7 + 2{,}5 \cdot \square$

60

Berechne durch Ausmultiplizieren.

a) $\frac{5}{4} \cdot \left(\frac{2}{5} + \frac{8}{15}\right)$

b) $\left(\frac{4}{3} - \frac{2}{3}\right) \cdot \frac{1}{2}$

c) $\left(\frac{7}{10} + \frac{1}{20}\right) \cdot 5$

d) $8 \cdot \left(5 - \frac{7}{8}\right)$

61

Berechne durch Ausklammern.

a) $\frac{4}{7} \cdot \frac{3}{11} + \frac{4}{7} \cdot \frac{8}{11}$

b) $\frac{1}{6} \cdot \frac{10}{9} - \frac{1}{9} \cdot \frac{1}{6}$

c) $0{,}5 \cdot 17{,}2 + 0{,}5 \cdot 2{,}8$

d) $13 \cdot 1{,}4 - 0{,}3 \cdot 13$

62

Berechne. Entscheide selbst, wie du vorgehen möchtest.

a) $\frac{2}{3} \cdot \left(\frac{9}{4} + \frac{5}{4}\right)$

b) $\left(\frac{5}{7} - \frac{1}{21}\right) \cdot \frac{1}{2}$

c) $(2{,}7 - 1{,}2) \cdot 1{,}5$

d) $0{,}6 \cdot 0{,}4 + 0{,}6 \cdot 0{,}6$

e) $1{,}5 \cdot \frac{4}{5} + 1{,}5 \cdot 0{,}2$

f) $1{,}8 \cdot 2{,}5 - 0{,}5 \cdot 1{,}8$

3.11 Rechenausdrücke mit Variablen

Wann immer ein Sachverhalt nach einer festen Regel berechnet werden soll, werden Formeln benutzt. Dabei tauchen oft Platzhalter auf. Du kennst bestimmt die Formel zur Berechnung des Flächeninhalts eines Rechtecks. Dort sind Länge und Breite Platzhalter für beliebige Zahlen.
Hier wiederholst du,

- wie du mit solchen Platzhaltern umgehst,
- wie du mit Variablen mathematische Sachverhalte beschreiben kannst.

WISSEN

Was ist eine Variable?

Eine **Variable** (auch **Veränderliche**, **Unbekannte** genannt) ist ein Platzhalter in mathematischen Ausdrücken. Neben Symbolen wie z. B. △, □ oder ○ kannst du auch Buchstaben wie x, y oder z als Variablen für bestimmte Zahlen verwenden.

Rechenausdrücke mit Variablen

Einen Rechenausdruck mit einer Variablen kannst du nicht direkt berechnen. Erst wenn du für die Variable **eine Zahl einsetzt**, kannst du den **Wert des Terms** berechnen.

Beachte: Das Malzeichen zwischen einer Zahl und einer Variablen oder zwei verschiedenen Variablen wird meist weggelassen.
Statt $5 \cdot x$ kannst du einfach $5x$ schreiben.

Beispiel:
Anna möchte ihr Taschengeld aufbessern. Sie trägt Werbeprospekte aus. Dafür bekommt sie pro Monat 30 € und zusätzlich pro ausgetragenem Werbeprospekt 2 ct.

Term: $30 + 0{,}02 \cdot x$
Variable: x steht für die Anzahl der Werbeprospekte
Berechne den Verdienst für 100, 200, 350 und 500 Prospekte, indem du für die Variable die jeweiligen Zahlen einsetzt.

Tabelle:

x	100	200	350	500
$30 + 0{,}02 \cdot x$ [in €]	$30 + 0{,}02 \cdot 100 = 32$	$30 + 0{,}02 \cdot 200 = 34$	$30 + 0{,}02 \cdot 350 = 37$	$30 + 0{,}02 \cdot 500 = 40$

63

Berechne den Wert der Terme für die angegebenen x-Werte.

		$x = 2$	$x = 5$	$x = -1$	$x = \frac{1}{2}$	$x = 0{,}2$
a)	$5x$					
b)	$2x + 1$					
c)	$\frac{1}{4}x$					
d)	$0{,}5x + 2$					
e)	$0{,}25x + 3$					
f)	$30 - 3x$					

Beachte:
Auch beim Berechnen von Termen gelten die Vorfahrtsregeln!

64

Gib an, wofür die Variablen jeweils stehen.

a) David ist drei Jahre älter als Dennis: $a - 3$
b) In der Klasse 6a sind fünf Jungen weniger als Mädchen: $x - 5$
c) Umfang U eines gleichseitigen Dreiecks: $U = 3x$
d) Ein Blauwal wiegt so viel wie 22 afrikanische Elefanten: $e = \frac{w}{22}$

Für verschiedene Variablen dürfen gleiche und verschiedene Zahlen eingesetzt werden!

65

Der Term $2x + 8y$ soll den Wert 52 erhalten.

a) Gib mehrere Einsetzungsmöglichkeiten für x und y an.
b) Tanita hat die Aufgabe folgendermaßen gelöst: $2 \cdot 5{,}2 + 8 \cdot 5{,}2$
Was meinst du dazu? Erkläre.

66

Vielleicht interessiert es dich, wie groß du später einmal sein wirst. Man sagt, mit dieser Formel kannst du deine voraussichtliche Größe berechnen.

a) Für **Jungen** gilt: $(x + y + 13) : 2$.
(x: Größe des Vaters in cm, y: Größe der Mutter in cm)
Jonas Vater ist 2 m und seine Mutter 180 cm groß. Berechne, wie groß Jonas voraussichtlich wird.
b) Für **Mädchen** gilt: Größe des Vaters und der Mutter in cm addieren, davon 13 subtrahieren und das Ergebnis durch 2 teilen.
Stelle einen Rechenausdruck mit Variablen auf und berechne, wie groß Jasmin (Vater 198 cm, Mutter 168 cm) voraussichtlich werden wird.

Aber Achtung!
Die Formel stimmt nur in etwa zwei von drei Fällen!

WISSEN

So kannst du beim Aufstellen eines Rechenausdrucks vorgehen

Beispiel 1:
Max bekommt zum Geburtstag 20 € geschenkt. Er spart zusätzlich jeden Monat 5 € von seinem Taschengeld.

1. Überlege, für welche Größe du einen Rechenausdruck aufstellen sollst.	**gesucht:** Summe des gesparten Geldes
2. Überlege, von welchem Wert die gesuchte Größe abhängt.	Das gesparte Geld hängt von der Anzahl der Monate ab.
3. Beschreibe in Worten, wie du die gesuchte Größe berechnen kannst.	gespartes Geld in €: 20 + Anzahl der Monate · 5
4. Führe eine Variable ein und beschreibe, wofür sie steht.	x: Anzahl der Monate
5. Stelle den Rechenausdruck mit der Variablen auf.	Term: $20 + x \cdot 5$

Beispiel 2:
Addiere 5 zu einer gedachten Zahl und multipliziere das Ergebnis mit 4. Bei dieser Aufgabe liegt die Schwierigkeit im Detail. Der Ausdruck „multipliziere das Ergebnis" zeigt dir, dass du den ersten Teil der Aufgabe in Klammern setzen musst.
Lösung: x: gedachte Zahl
Term: $(x+5) \cdot 4$

***Tipp:** Bei Zahlenrätseln brauchst du die Schritte 1 bis 3 nicht zu beachten!*

67

Übersetze den Text in einen Rechenausdruck.

a) Subtrahiere 5 von einer Zahl.
b) Halbiere eine Zahl und addiere 2.
c) Dividiere eine Zahl durch 4 und multipliziere mit 3.

68

Folgende Flächen sollen aus Draht gebastelt werden. Stelle einen Term auf für den Drahtverbrauch bei unterschiedliche Kantenlängen.

a)

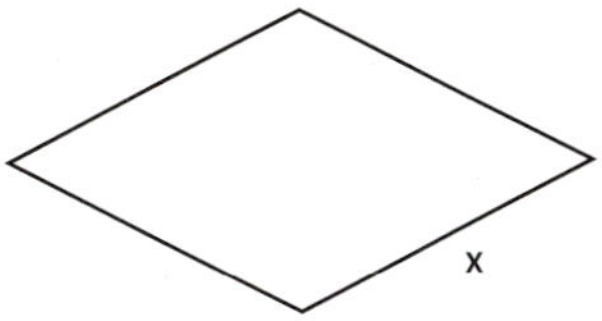

b)

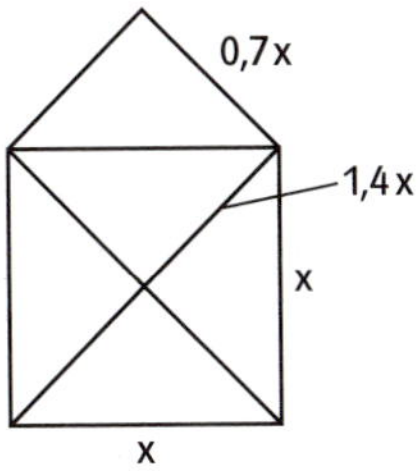

69

Ganz schön haarig: Ein Kopfhaar wächst in einem Monat ungefähr einen Zentimeter. Martinas Haare sind etwa 20 cm lang.

a) Stelle einen Rechenausdruck auf.

b) Berechne, wie lang Martinas Haare nach sechs Monaten, einem Jahr, drei Jahren sind, wenn sie ihre Haare nicht schneiden lässt.

70

Welcher Rechenausdruck passt zu welcher Tabelle?
Berechne auch den fehlenden Wert.

a)

x	0	1	2	3
Wert	3	5	7	

b)

x	0	1	2	3	4
Wert	1	2	5	10	

① $x^2 + 1$

② $x + 3$

③ $2x + 3$

71

Gib zu jeder Tabelle einen passenden Term an.

a)

x	0	1	2	3
Wert	2	3	4	5

b)

x	0	1	2	3
Wert	2	5	8	11

Tipp:
Betrachte den Wert für $x = 0$. Diese Zahl musst du addieren. Ändert sich der Wert gleichmäßig um eine Zahl, musst du x mit ihr multiplizieren.

1

Punkte: ____ max. 4

Berechne schriftlich. Mache zur Kontrolle einen Überschlag.

a) $74{,}14 \cdot 1{,}65$ b) $515{,}21 \cdot 123{,}3$ c) $207{,}6 : 12$ d) $6{,}813 : 0{,}3$

2

Punkte: ____ max. 4

Berechne.

a) $\frac{3}{4} \cdot \frac{5}{8} \cdot \frac{2}{3}$ b) $\frac{49}{48} \cdot \frac{16}{63}$ c) $\frac{8}{15} : \frac{4}{5}$ d) $\frac{16}{9} : \frac{4}{3}$

3

Punkte: ____ max. 4

Ergänze die fehlenden Zahlen.

a) $0{,}7 : 0{,}2 = \square$ b) $12{,}3 - \square = 2{,}8$

c) $\frac{8}{15} \cdot \square = \frac{1}{3}$ d) $\frac{3}{4} : \square = \frac{9}{16}$

4

Punkte: ____ max. 6

Berechne den Wert der Terme.

a) $\left(\frac{5}{9} + \frac{4}{6}\right) : \frac{10}{3}$ b) $2\frac{1}{3} + \frac{3}{8} \cdot \frac{4}{9}$ c) $\frac{5}{6} : \frac{2}{3} - \frac{3}{4}$

d) $1{,}4 \cdot (2{,}7 - 1{,}3)$ e) $2{,}2 \cdot 3{,}8 + 1{,}2 \cdot 2{,}2$ f) $5 + 5 : 0{,}02$

5

Punkte: ____ max. 3

In eine Box mit einer Grundfläche von $0{,}8\,m \times 0{,}5\,m$ werden $0{,}16\,m^3$ Wasser eingefüllt.
Berechne, wie hoch das Wasser in der Box steht.

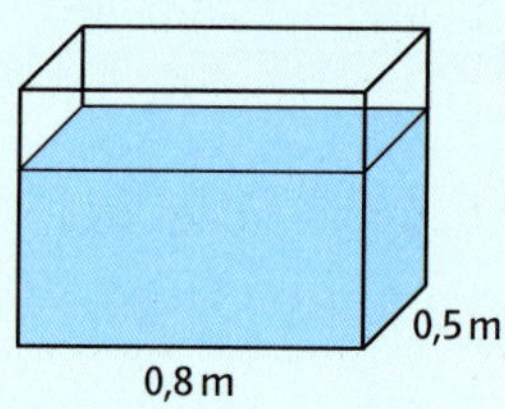

6

Punkte: ____ max. 3

Paula kauft beim Metzger ein.
Sie soll 200 g Salami, $\frac{1}{4}$ kg Schinken, 2 Paar Würstchen und 200 g Fleischsalat kaufen. Paula hat 10 €.
Reicht das Geld aus? Begründe.

Fleischsalat 100 g 1,09 €

Salami 100 g 0,79 €

Schinken 100 g 1,90 €

Würstchen Stück 0,59 €

Gesamtpunkte: ____ max. 24

Super! Du hast das **Kapitel 3 – Rationale Zahlen multiplizieren und dividieren** durchgearbeitet. Anschließend hast du die Testaufgaben gelöst und deine Punkte zusammengezählt.

In der Checkliste kannst du nun alle Testaufgaben abhaken, in denen du besonders gut abgeschnitten hast. Wenn du bei einigen Aufgaben noch nicht die volle Punktzahl erreicht hast, wiederhole einfach die Übungen, die in der letzten Spalte der Tabelle angegeben sind.

Meine Checkliste

Testaufgabe	Thema	Konnte ich gut lösen	Ich hatte Fehler und wiederhole deshalb die Übungen
1	Dezimalzahlen multiplizieren Dezimalzahlen dividieren		31 – 37 45 – 48
2	Brüche multiplizieren Brüche dividieren		7 – 14 15 – 20
3	Brüche multiplizieren Brüche dividieren Dezimalzahlen dividieren		7 – 14 15 – 20 45 – 48
4	Rechenausdrücke mit Brüchen und Dezimalzahlen		54 – 58
5	Dezimalzahlen multiplizieren Dezimalzahlen dividieren Rechenausdrücke mit Brüchen und Dezimalzahlen		31 – 37 45 – 48 54 – 58
6	Dezimalzahlen multiplizieren Dezimalzahlen dividieren Rechenausdrücke mit Brüchen und Dezimalzahlen		31 – 37 45 – 48 54 – 58

4 Rechnen mit negativen Brüchen

4.1 Vorzeichen bei Brüchen

Zahlen wie $1;\ -3;\ \frac{1}{8};\ 0{,}5;\ -\frac{3}{7}$ heißen rationale Zahlen (lat. ratio = Verhältnis).

Beim Rechnen mit negativen Zahlen gilt für die Division von zwei Zahlen diese Vorzeichenregel:

+ : + = +
+ : − = −
− : + = −
− : − = +

Ein Bruch ist nichts anderes als eine andere Schreibweise für eine Division, wobei der Bruchstrich das Geteiltzeichen ersetzt, d.h. $\frac{3}{4} = 3 : 4$.
Das Vorzeichen eines Bruchs wird also durch die Vorzeichen von Zähler und Nenner bestimmt.

WISSEN

So bestimmst du das Vorzeichen eines Bruchs

- **kein** Vorzeichen bedeutet **positives** Vorzeichen
- $\frac{-a}{-b} = \frac{+a}{+b} = \frac{a}{b}$ Zwei gleiche Vorzeichen in Zähler und Nenner bedeuten, dass der Bruch **positiv** ist. Diese Vorzeichen können weggelassen werden.
- $\frac{-a}{b} = \frac{a}{-b} = -\frac{a}{b}$ **Ein** negatives Vorzeichen im Zähler oder Nenner darf vor den Bruch geschrieben werden. Der Bruch ist dann **negativ**.

Brüche mit Vorzeichen erweitern und kürzen

Auch negative Brüche kann man erweitern und kürzen. Bei der Rechnung spielt das Vorzeichen keine Rolle!

Beispiele:

a) Erweitere $-\frac{2}{5}$ mit 3.
Multipliziere Zähler und Nenner mit der gleichen Zahl.
$$-\frac{2}{5} = -\frac{2 \cdot 3}{5 \cdot 3} = -\frac{6}{15}$$

b) Kürze $\frac{14}{-56}$ vollständig.
Schreibe das Vorzeichen vor den Bruch und dividiere Zähler und Nenner durch die gleiche Zahl.
$$\frac{14}{-56} = -\frac{14}{56}$$
$$= -\frac{14 : 2}{56 : 2} = -\frac{\overset{1}{\cancel{7}}}{\underset{4}{\cancel{28}}} = -\frac{1}{4}$$

mit Online-Übungen

WISSEN

Brüche mit Vorzeichen vergleichen

Negative Brüche liegen auf der Zahlengeraden links von der Null. Dabei liegt die kleinere Zahl immer links von der größeren Zahl. Damit gilt:

- Haben zwei Brüche ein **unterschiedliches Vorzeichen**, dann ist immer der **Bruch kleiner**, der das **negative Vorzeichen** hat.
- Haben **zwei Brüche** ein **negatives Vorzeichen**, dann ist der Bruch kleiner, der **weiter von der Null weg** ist, der also den größeren Betrag hat.

Beispiele:

a) $-\frac{3}{4} < \frac{1}{5}$

b) $-\frac{3}{4} < -\frac{1}{5}$, da $\frac{3}{4}$ weiter von der Null weg ist als $\frac{1}{5}$, da gilt: $\frac{3}{4} > \frac{1}{5}$

1

Schreibe die Brüche so einfach wie möglich.

a) $\frac{+3}{+7}$ b) $\frac{-1}{4}$ c) $\frac{2}{-3}$ d) $\frac{-3}{-10}$

e) $\frac{-4}{-7}$ f) $-\frac{-5}{-8}$ g) $\frac{-3}{-1}$ h) $\frac{2}{-11}$

2

Kürze die Brüche vollständig.

a) $-\frac{8}{32}$ b) $\frac{16}{-20}$ c) $\frac{-40}{-60}$ d) $-\frac{72}{96}$

e) $\frac{5}{-15}$ f) $-\frac{24}{84}$ g) $\frac{108}{-168}$ h) $\frac{-70}{-98}$

3

Mache die Brüche gleichnamig.

a) $-\frac{1}{2}$; $\frac{3}{8}$ b) $\frac{2}{3}$; $-\frac{2}{9}$ c) $-\frac{3}{8}$; $\frac{5}{12}$ d) $\frac{3}{4}$; $\frac{5}{-8}$

4

Vergleiche die beiden Brüche. Setze < oder > ein.

a) $-\frac{1}{2}$ ☐ $\frac{1}{4}$ b) $\frac{1}{2}$ ☐ $-\frac{1}{4}$ c) $-\frac{1}{2}$ ☐ $-\frac{1}{4}$ d) 0 ☐ $-\frac{8}{7}$

4.2 Negative Brüche addieren und subtrahieren

Beim Addieren und Subtrahieren von negativen Brüchen musst du zwei Regeln gleichzeitig beachten, die **Rechenregeln der Bruchrechnung** und die **Rechenregeln für negative Zahlen**.

WISSEN

So addierst und subtrahierst du Brüche

1. Mache die Brüche gleichnamig.
2. Addiere bzw. subtrahiere die Zähler. Der Nenner bleibt gleich.

So addierst und subtrahierst du negative Zahlen

I. Die beiden Zahlen haben das gleiche Vorzeichen

1. Lass zum Rechnen die Vorzeichen weg. **Addiere** dann beide Zahlen.
2. Schreibe vor das Ergebnis das **gemeinsame Vorzeichen**.

Achte dabei besonders auf die Rechenregeln für negative Zahlen!

Beispiel: $-\frac{5}{9}-\frac{1}{3}$

1. Mache die Brüche gleichnamig (gemeinsamer Nenner: 9). $-\frac{5}{9}$ und $-\frac{1}{3}=-\frac{1\cdot 3}{3\cdot 3}=-\frac{3}{9}$
2. Schreibe auf einen Bruchstrich. $\frac{-5-3}{9}$
3. Berechne den Zähler nach den Rechenregeln. $=-\frac{8}{9}$

II. Die beiden Zahlen haben unterschiedliche Vorzeichen

1. Lass zum Rechnen die Vorzeichen weg. **Subtrahiere** dann die kleinere Zahl von der größeren Zahl.
2. Schreibe vor das Ergebnis das **Vorzeichen der größeren Zahl**.

Beispiel: $-\frac{5}{9}+\frac{1}{3}$

1. Mache die Brüche gleichnamig (gemeinsamer Nenner: 9). $-\frac{5}{9}$ und $\frac{1}{3}=\frac{1\cdot 3}{3\cdot 3}=\frac{3}{9}$
2. Schreibe auf einen Bruchstrich. $\frac{-5+3}{9}$
3. Berechne den Zähler nach den Rechenregeln für negative Zahlen. $=-\frac{2}{9}$

5

Berechne. Gib das Ergebnis als vollständig gekürzten Bruch an.

a) $-\frac{6}{4}-\frac{3}{4}$ b) $-\frac{5}{20}+\frac{4}{20}$ c) $-\frac{4}{6}+\frac{15}{6}$ d) $-\frac{9}{10}-\frac{2}{10}$

e) $\frac{5}{11}-\frac{16}{11}$ f) $-\frac{3}{4}+\frac{3}{4}$ g) $-\frac{4}{40}-\frac{35}{40}$ h) $-\frac{2}{11}+\frac{6}{11}$

6

Fülle die Tabelle aus. Gib das Ergebnis als vollständig gekürzten Bruch an.

+	$\frac{1}{2}$	$\frac{2}{3}$	$\frac{3}{4}$	$\frac{5}{8}$
$-\frac{8}{5}$				
$-\frac{9}{2}$				
$-\frac{6}{10}$				
$-\frac{5}{6}$				

7

Fülle die Tabelle aus. Gib das Ergebnis als vollständig gekürzten Bruch an.

−	$\frac{3}{2}$	$\frac{8}{3}$	$\frac{3}{4}$	$\frac{11}{8}$
$-\frac{1}{5}$				
$\frac{5}{6}$				
$-\frac{3}{8}$				
$-\frac{7}{12}$				

8

Setze für ☐ Zahlen ein, so dass die Rechnung stimmt.

a) $-\frac{1}{3}+\square=\frac{3}{8}$ b) $\square+\frac{3}{2}=1$ c) $-\frac{9}{7}+\square=\frac{27}{28}$

d) $\square+\frac{3}{16}=-\frac{12}{18}$ e) $\square+\frac{7}{8}=\frac{15}{56}$ f) $\square+\frac{5}{6}=-\frac{17}{30}$

4.3 Negative Brüche multiplizieren und dividieren

Auch beim Multiplizieren und Dividieren von negativen Brüchen musst du zwei Regeln gleichzeitig beachten, die **Rechenregeln der Bruchrechnung** und die **Rechenregeln für negative Zahlen**.

WISSEN

So multiplizierst und dividierst du Brüche

a) **Multiplizieren von Brüchen**
Zwei Brüche werden multipliziert, indem ihre Zähler und ihre Nenner jeweils multipliziert werden.

b) **Dividieren von Brüchen**
Multipliziere den ersten Bruch mit dem Kehrbruch des zweiten Bruchs.

Bei einem Kehrbruch sind Zähler und Nenner vertauscht!

So multiplizierst und dividierst du negative Zahlen

I. Die beiden Zahlen haben das gleiche Vorzeichen

1. Lass zum Rechnen die Vorzeichen weg. Multipliziere bzw. dividiere die Brüche.
2. Das Ergebnis hat immer ein **positives Vorzeichen.**

Beispiel: $-\frac{3}{8} \cdot \left(-\frac{1}{3}\right)$

1. Beide Brüche haben ein negatives Vorzeichen. Das Ergebnis hat also ein positives Vorzeichen.
2. Rechne $\frac{\text{Zähler} \cdot \text{Zähler}}{\text{Nenner} \cdot \text{Nenner}}$

   Kürze, wenn möglich.

$$-\frac{3}{8} \cdot \left(-\frac{1}{3}\right) = \frac{3}{8} \cdot \frac{1}{3}$$

$$= \frac{\overset{1}{\cancel{3}} \cdot 1}{8 \cdot \underset{1}{\cancel{3}}} = \frac{1}{8}$$

II. Die beiden Zahlen haben unterschiedliche Vorzeichen

1. Lass zum Rechnen die Vorzeichen weg. Multipliziere bzw. dividiere die Brüche.
2. Das Ergebnis hat immer ein **negatives Vorzeichen.**

Beispiel: $-\frac{5}{9} : \frac{1}{3}$

1. Beide Brüche haben unterschiedliche Vorzeichen. Das Ergebnis hat also ein negatives Vorzeichen.
2. Multipliziere den ersten Bruch mit dem Kehrwert des zweiten Bruchs. Kürze, wenn möglich.

$$-\frac{5}{9} : \frac{1}{3} = -\frac{5}{9} \cdot \frac{3}{1}$$

$$= -\frac{5 \cdot \overset{1}{\cancel{3}}}{\underset{3}{\cancel{9}} \cdot 1} = -\frac{5}{3}$$

mit Online-Übungen

9

Berechne. Gib das Ergebnis gegebenenfalls als vollständig gekürzten Bruch an.

a) $\frac{3}{4} \cdot \left(-\frac{2}{9}\right)$ b) $-\frac{1}{8} \cdot \left(-\frac{4}{7}\right)$ c) $-\frac{3}{10} \cdot \frac{5}{6}$ d) $-\frac{9}{10} \cdot \frac{4}{21}$

e) $-\frac{4}{3} : \left(-\frac{5}{2}\right)$ f) $-\frac{4}{10} : \frac{8}{15}$ g) $\frac{3}{2} : \left(-\frac{5}{4}\right)$ h) $-\frac{6}{8} : \left(-\frac{3}{4}\right)$

10

Fülle die Tabelle aus. Gib das Ergebnis als vollständig gekürzten Bruch an.

$\cdot$	$-\frac{1}{2}$	$\frac{2}{3}$	$-\frac{3}{4}$	$\frac{5}{8}$
$-\frac{8}{5}$				
$\frac{9}{2}$				
$-\frac{6}{10}$				
$-\frac{5}{6}$				

11

Fülle die Tabelle aus. Gib das Ergebnis als vollständig gekürzten Bruch an.

$:$	$\frac{3}{2}$	$\frac{8}{3}$	$\frac{3}{4}$	$\frac{11}{8}$
$-\frac{1}{5}$				
$\frac{5}{6}$				
$-\frac{3}{8}$				
$\frac{2}{9}$				

12 ★

Ergänze die fehlenden Zahlen.

a) $-\frac{2}{6} \cdot \square = \frac{4}{15}$ b) $\square \cdot \frac{2}{3} = -\frac{5}{6}$ c) $-\frac{5}{6} \cdot \square = \frac{5}{9}$

d) $\frac{8}{10} : \square = -2$ e) $\square : \left(-\frac{15}{14}\right) = \frac{4}{5}$ f) $\square : \frac{4}{3} = -\frac{5}{8}$

Tipp: *Rechne die Umkehraufgabe!*

4.4 Rechenausdrücke mit negativen Brüchen

Willst du Terme mit negativen Brüchen berechnen, musst du die **Rechenregeln für Brüche und negative Zahlen** beherrschen.

WISSEN

Vorfahrtsregeln für das Berechnen von Rechenausdrücken (Termen)

1. Was in **Klammern** steht, wird zuerst berechnet.
2. **Punkt**rechnung geht **vor Strich**rechnung.
3. Treten nur Punktrechnungen oder nur Strichrechnungen und keine Klammern auf, rechne **von links nach rechts**.

So kannst du Rechenausdrücke mit negativen Brüchen berechnen

- Ein Rechenbaum hilft dir, deine Aufgabe übersichtlich zu lösen.
- Schreibe jede Umformung in eine neue Zeile, die du immer mit „=" beginnst. Übernimm die unveränderten Teile.
- Schreibe das Ergebnis als vollständig gekürzten Bruch.

$$-\frac{3}{4} \cdot \underbrace{\left(\frac{1}{3} + \frac{5}{6}\right)}$$

$$= -\frac{3}{4} \cdot \quad \frac{7}{6}$$

$$= -\frac{\overset{1}{\cancel{3}} \cdot 7}{4 \cdot \underset{2}{\cancel{6}}}$$

$$= -\frac{7}{8}$$

Beispiel:

$$-\frac{1}{4} + \underbrace{\left(-\frac{3}{4}\right) \cdot \frac{1}{3}}$$

Hier kommt Strich- und Punktrechnung vor. Rechne also „Punkt vor Strich",

$$= -\frac{1}{4} - \quad \frac{3 \cdot 1}{4 \cdot 3}$$

$$= -\frac{1}{4} - \frac{1}{4}$$

subtrahiere

$$= -\frac{2}{4} = -\frac{1}{2}$$

und kürze.

Das Distributivgesetz (Verteilungsgesetz) bei Rechenausdrücken mit negativen Brüchen

Beim **Kopfrechnen** wendest du das Verteilungsgesetz bereits an.
Statt $4 \cdot 36$ rechnest du bestimmt $4 \cdot 30 + 4 \cdot 6 = 120 + 24 = 144$.
Das Verteilungsgesetz hilft dir also dabei, eine Summe oder eine Differenz mit einer Zahl **geschickt zu multiplizieren**.

mit Online-Übungen

WISSEN

1. Multipliziere jeden Summanden aus der Klammer mit der Zahl.
2. Addiere oder subtrahiere diese beiden Produkte. Diesen Vorgang nennt man auch **Ausmultiplizieren**.

Beispiel: $-\frac{1}{2}\cdot\left(\frac{22}{10}+\frac{9}{5}\right)$

$= -\frac{1}{2}\cdot\frac{22}{10} - \frac{1}{2}\cdot\frac{9}{5}$

$= -\frac{11}{10} - \frac{9}{10}$

$= -\frac{20}{10} = -2$

13

Berechne den Wert der Terme.

a) $-\frac{1}{2}+\frac{2}{3}\cdot\left(-\frac{3}{8}\right)$ b) $-\frac{3}{4}+\frac{5}{4}\cdot\left(-\frac{1}{2}\right)$ c) $-\frac{3}{10}+\frac{3}{5}-\frac{1}{10}$

d) $\left(\frac{1}{5}-\frac{3}{10}\right)\cdot\left(\frac{5}{3}-\frac{7}{4}\right)$ e) $\frac{3}{10}-\frac{1}{2}:\frac{5}{4}$ f) $-\frac{3}{5}+\frac{1}{8}\cdot\frac{4}{5}$

g) $-\frac{42}{3}:\frac{21}{3}\cdot\frac{5}{7}$ h) $\frac{5}{8}\cdot\left(-\frac{7}{3}+\frac{4}{5}\right)$ i) $-\frac{3}{5}\cdot\left(-\frac{3}{8}-\frac{1}{4}\right)$

14

Multipliziere zuerst aus und berechne dann den Wert des Terms.

a) $-\frac{5}{4}\cdot\left(\frac{2}{5}+\frac{8}{15}\right)$ b) $\left(\frac{4}{3}-\frac{2}{3}\right)\cdot\left(-\frac{1}{2}\right)$ c) $\left(\frac{7}{10}+\frac{1}{20}\right)\cdot(-5)$

d) $8\cdot\left(-5-\frac{7}{8}\right)$ e) $\left(-\frac{1}{2}-\frac{2}{3}\right)\cdot\frac{1}{2}$ f) $-\frac{2}{5}\cdot\left(-\frac{5}{6}-\frac{5}{9}\right)$

15

In dieser Aufgabe findest du typische Fehler. Korrigiere sie.

a) $-\frac{1}{4}+\frac{2}{3}\cdot\frac{6}{8}$

$= -\frac{3}{12}+\frac{8}{12}\cdot\frac{6}{8}$

$= \frac{11}{12}\cdot\frac{6}{8}$

$= \frac{11}{16}$

b) $-\frac{20}{15}:\frac{5}{18}+\frac{1}{3}$

$= -\frac{5}{3}:\frac{5}{18}+\frac{1}{3}$

$= \frac{25}{54}-\frac{1}{3}$

$= \frac{25}{54}+\frac{18}{54}$

$= \frac{43}{54}$

1

Punkte: ___ max. 4

Welcher Bruch hat den gleichen Wert wie $-\frac{3}{5}$? Kreuze an.

☐ $\frac{9}{-15}$ ☐ $\frac{-6}{-10}$ ☐ $-\frac{12}{20}$ ☐ $-\frac{-3}{-5}$

2

Punkte: ___ max. 4

Kürze vollständig.

a) $\frac{18}{-24}$ b) $\frac{-12}{-75}$

3

Punkte: ___ max. 4

Berechne. Gib das Ergebnis gegebenenfalls als vollständig gekürzten Bruch an.

a) $-\frac{7}{8}+\frac{2}{3}$ b) $-\frac{1}{2}-\frac{3}{16}$ c) $\frac{1}{4}-\frac{7}{12}$ d) $-\frac{9}{10}-\frac{3}{5}$

4

Punkte: ___ max. 4

Überprüfe die Rechnungen und kreuze an.

	richtig	falsch
a) $-\frac{5}{12}\cdot\left(-\frac{8}{25}\right)=-\frac{2}{15}$	☐	☐
b) $-\frac{1}{9}:\frac{8}{3}=-\frac{1}{9}\cdot\frac{3}{8}=-\frac{1}{24}$	☐	☐
c) $\frac{10}{9}:\left(-\frac{5}{3}\right)=-\frac{2}{3}$	☐	☐
d) $-\frac{4}{10}\cdot\left(-\frac{15}{8}\right)=\frac{3}{4}$	☐	☐

5

Punkte: ___ max. 4

Berechne den Wert. Kürze vollständig.

a) $-\frac{1}{6}+\frac{4}{9}\cdot\left(-\frac{15}{2}\right)$ b) $-\frac{3}{10}:\left(\frac{1}{2}-\frac{1}{8}\right)$

Gesamtpunkte: ___ max. 20

Super! Du hast das **Kapitel 4 – Rechnen mit negativen Brüchen** durchgearbeitet. Anschließend hast du die Testaufgaben gelöst und deine Punkte zusammengezählt.

In der Checkliste kannst du nun alle Testaufgaben abhaken, in denen du besonders gut abgeschnitten hast. Wenn du bei einigen Aufgaben noch nicht die volle Punktzahl erreicht hast, wiederhole einfach die Übungen, die in der letzten Spalte der Tabelle angegeben sind.

Meine Checkliste

Test-aufgabe	Thema	Konnte ich gut lösen	Ich hatte Fehler und wiederhole deshalb die Übungen
1	Vorzeichen bei Brüchen		1–5
2	Vorzeichen bei Brüchen		1–5
3	Negative Brüche addieren und subtrahieren		6–9
4	Negative Brüche multiplizieren und dividieren Rechenausdrücke mit negativen Zahlen		10–13 14–16
5	Negative Brüche multiplizieren und dividieren Rechenausdrücke mit negativen Zahlen		10–16 14–16

5 Kreise und Winkel

5.1 Kreise

Kreise sind besonders interessante geometrische Figuren. Weil sie regelmäßig sind und keine Ecken und Kanten haben, tauchen sie in deinem Alltag auf vielfältige Art und Weise auf. Doch der mathematische Umgang mit Kreisen ist gar nicht so einfach.
Deshalb übst du hier
- Kreise zu konstruieren,
- den Umgang mit Radius und Durchmesser.

WISSEN

Kreise

Alle Punkte auf einem Kreis haben vom Mittelpunkt M aus den gleichen Abstand r. Dieser Abstand r heißt **Radius** des Kreises.
Die Verbindungsstrecke von zwei Kreispunkten heißt **Sehne**. Geht die Sehne durch den Kreismittelpunkt M, erhältst du den **Durchmesser** d. Der Durchmesser ist doppelt so groß wie der Radius.
Es gilt: $\mathbf{d = 2 \cdot r}$

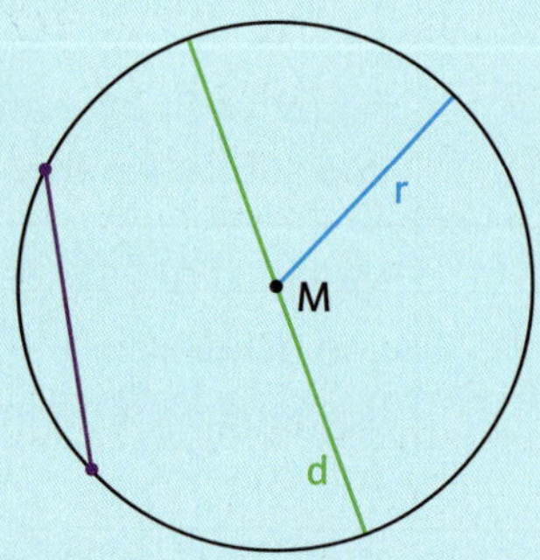

Kreise zeichnest du mit einem **Zirkel**. Dabei entspricht die **Zirkelweite** dem **Radius**.

Beispiel:
Zeichne einen Kreis mit Durchmesser $d = 6\,cm$.
Lösung:
Markiere zuerst den Mittelpunkt M und berechne den Radius, der halb so groß wie der Durchmesser ist. Stelle nun den Zirkel auf $r = 3\,cm$ ein und zeichne den Kreis um M.

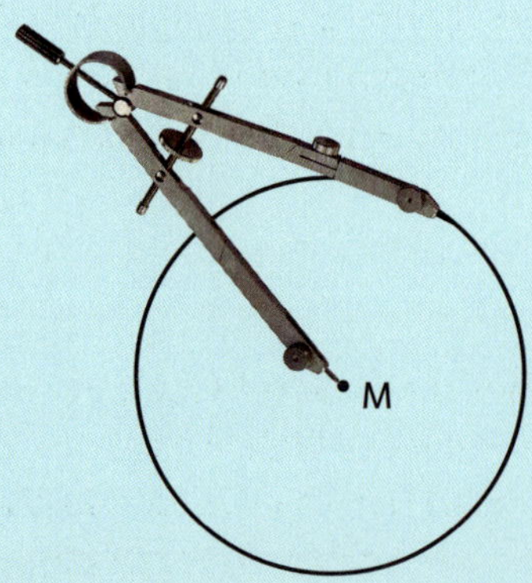

1

Zeichne Kreise mit dem angegebenen Radius r. Gib zusätzlich auch den Durchmesser d an.

a) r = 4 cm b) r = 37 mm c) r = 4,3 cm d) r = 2 cm 9 mm

2

Zeichne Kreise mit dem angegebenen Durchmesser d. Gib dazu den Radius r an.

a) d = 5 cm b) d = 48 mm c) d = 7,2 cm d) d = 1 dm 6 mm

3

Zeichne in einem Koordinatensystem einen Kreis um M(5 | 4) mit r = 3 cm. Gib an, welche Gitterpunkte auf dem Kreis liegen.

4

Zeichne die Punkte A(3 | 0), B(2 | 2), C(5 | 5) und D(0 | 0) in ein Koordinatensystem mit der Einheit 1 cm.

a) Zeichne durch jeden Punkt einen Kreis mit Mittelpunkt M(4 | 3).
b) Miss die Radien der Kreise.

5

Ein Wetterradar (Köln) hat eine durchschnittliche Reichweite von 100 km.

a) Bestimme, welche Städte sich im Bereich des Wetterradars befinden.
b) Bestimme, welche Städte direkt auf der Grenze liegen.
c) Wo könnte sich der Standort eines zweiten Wetterradars befinden, damit alle Städte im Bereich eines Wetterradars liegen? Erkläre.

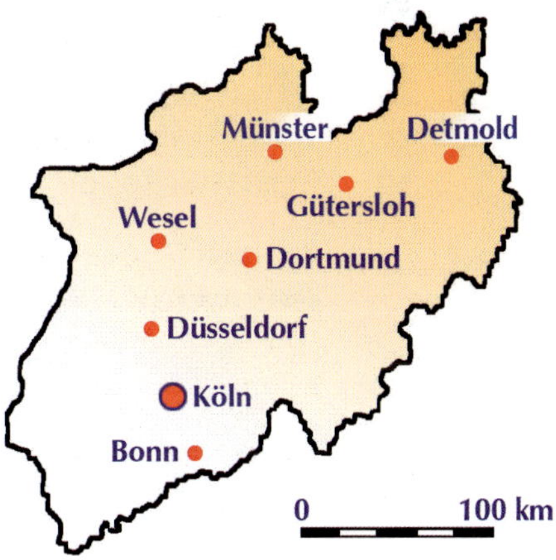

6★

Zeichne die Punkte A(0 | 2), B(0 | 6), C(6 | 6) und D(6 | 2) in ein Koordinatensystem mit der Einheit 1 cm.

a) Zeichne einen Kreis, der durch alle vier Punkte geht und gib die Koordinaten seines Mittelpunktes an.
b) Beschreibe, wie du den Mittelpunkt gefunden hast.

5.2 Kreismuster

Das Wort Mandala kommt ursprünglich aus dem Sanskrit und bedeutet Kreis.

Kreismuster entstehen aus Kreisen. Bestimmt hast du schon (Kreis-)Mandalas ausgemalt oder eigene Kreismuster mit dem Zirkel gezeichnet. Vielleicht hast du auch zu Weihnachten einmal versucht, mithilfe eines Kreises einen regelmäßigen Stern zu zeichnen.
Hier wiederholst du
- das Zeichnen von Kreisfiguren,
- das Konstruieren von geometrischen Figuren mithilfe von Kreisen.

WISSEN

Lage von Kreisen

Zwei Kreise können sich schneiden, sich in einem Punkt berühren oder keine gemeinsamen Punkte haben.

Beispiele:

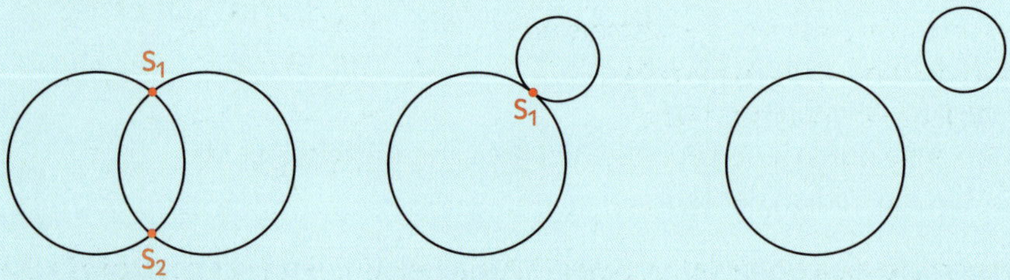

Zwei Kreise haben zwei Schnittpunkte. | Sie berühren sich in einem Punkt. | Sie haben keinen gemeinsamen Punkt.

Konstruktionen mit Kreisen

Beispiel:
Konstruiere aus zwei Kreisen mit gleichem Radius eine Raute.
Lösung:
1. Zeichne zwei Kreise mit gleichem Radius, die sich schneiden.
2. Verbinde die Kreismittelpunkte mit den beiden Schnittpunkten. Die Verbindungsstrecken von den Mittelpunkten und den Schnittpunkten bilden die Diagonalen.

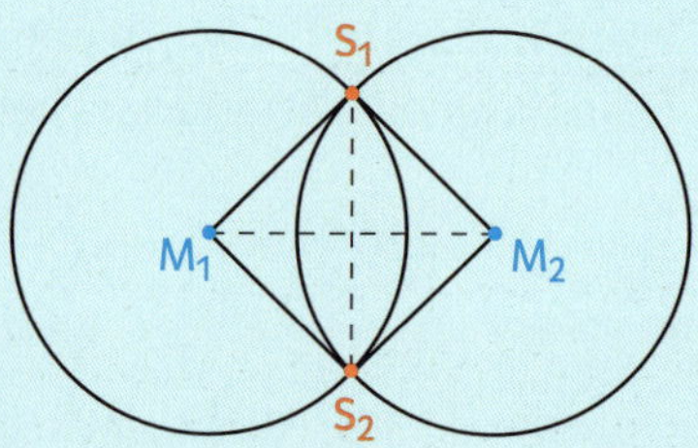

7

Zeichne die folgenden Mandalas auf ein kariertes Papier und male sie farbig an.

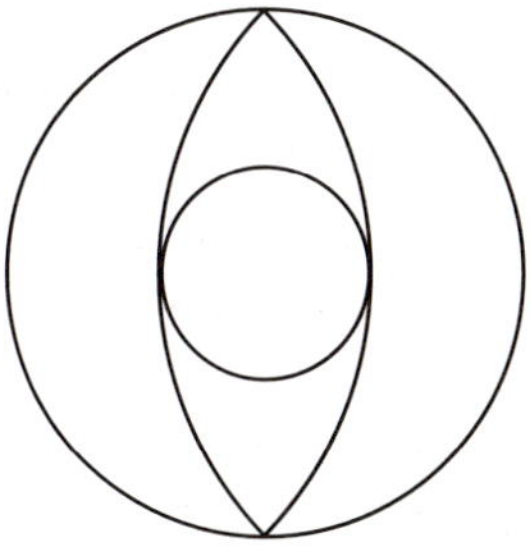

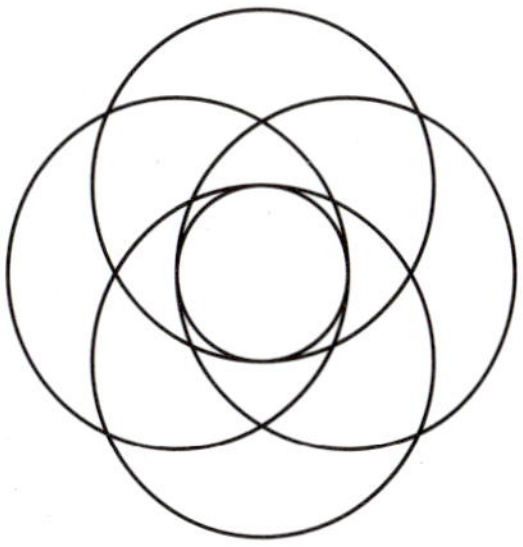

8

a) Konstruiere ein regelmäßiges Sechseck mit der Seitenlänge 4 cm. Zeichne dazu diese Kreisfigur und verbinde je zwei benachbarte Schnittpunkte miteinander.
b) Konstruiere die Figur nochmals und zeichne die Diagonalen ein. Welche Figur erhältst du dann?

9

Zeichne die folgenden Kreismuster im Quadrat. Überlege, wo du den Zirkel einstechen musst.

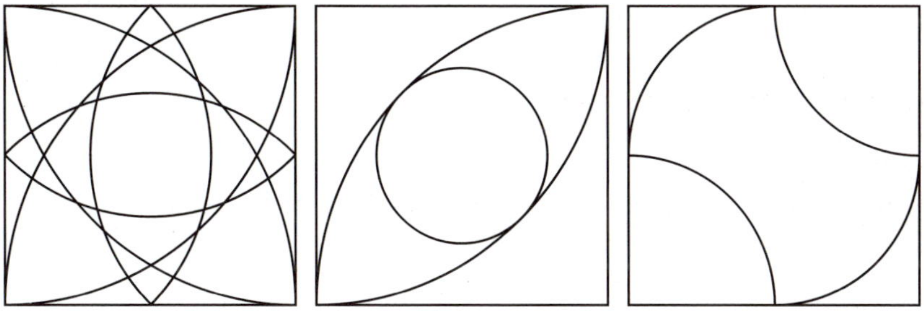

10

Zeichne die beiden Tangrams Herz und Ei auf eine Pappe und schneide sie aus. Wenn du die Tangrams exakt gezeichnet hast, kannst du damit viele andere Figuren legen.

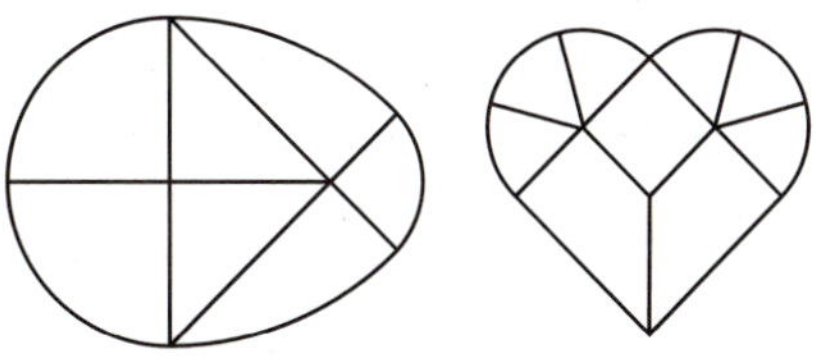

5.3 Winkel

Im Alltag sind Kenntnisse über Winkel unerlässlich. Ohne rechte Winkel hättest du z. B. zu Hause schiefe Wände. Es gibt aber noch weitere Winkelarten.
Hier übst du, Winkel zu beschreiben.

WISSEN

Was ist ein Winkel?

Merke:
Eine Halbgerade hat einen Anfangspunkt, aber keinen Endpunkt.

Ein Winkel ist festgelegt durch einen **Scheitel (Scheitelpunkt) S** und zwei **Halbgeraden g und h**. Die beiden Halbgeraden g und h heißen **Schenkel**. Durch den Scheitel und die beiden Schenkel werden **zwei** Winkel vorgegeben. Durch einen Kreisbogen kennzeichnest du, welcher Winkel gemeint ist.

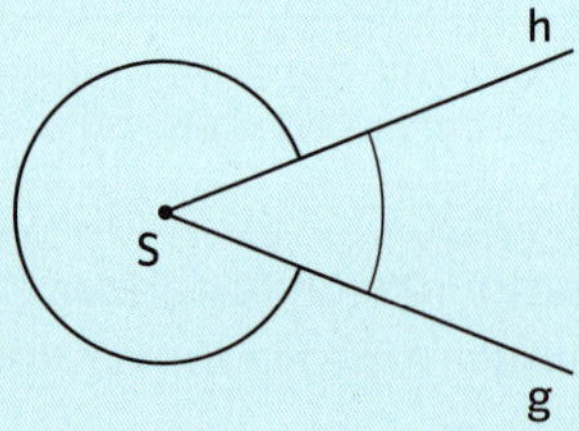

Beachte: Die Drehrichtung bei Winkeln ist immer **gegen** den Uhrzeigersinn.

Du kannst Winkel auf verschiedene Arten bezeichnen

Merke:
α – „alpha"
β – „beta"
γ – „gamma"
δ – „delta"
ε – „epsilon"

1. mit kleinen griechischen Buchstaben
   sprich: *der Winkel α*

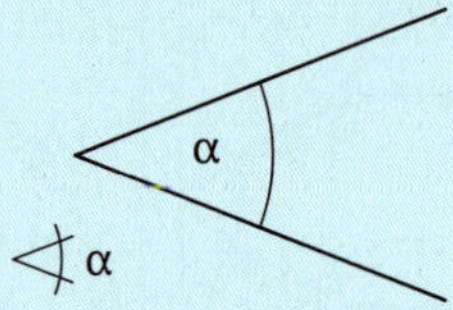

2. durch die beiden Schenkel

   sprich: *der Winkel zwischen g und h*

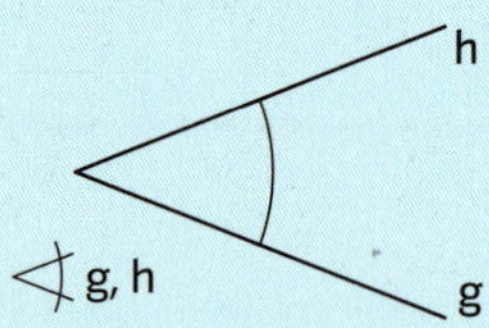

Beachte:
Der Scheitelpunkt steht immer in der Mitte.

3. durch den Scheitelpunkt und jeweils einen Punkt auf jedem Schenkel
   sprich: *der Winkel PSQ*

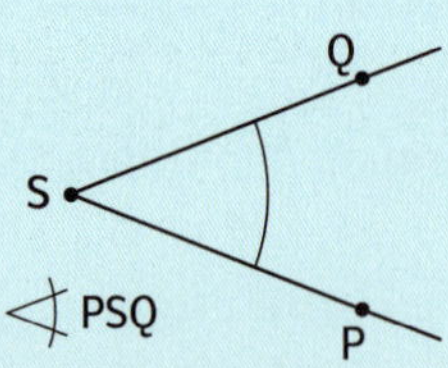

11

Übertrage die beiden Figuren auf ein Blatt Papier.

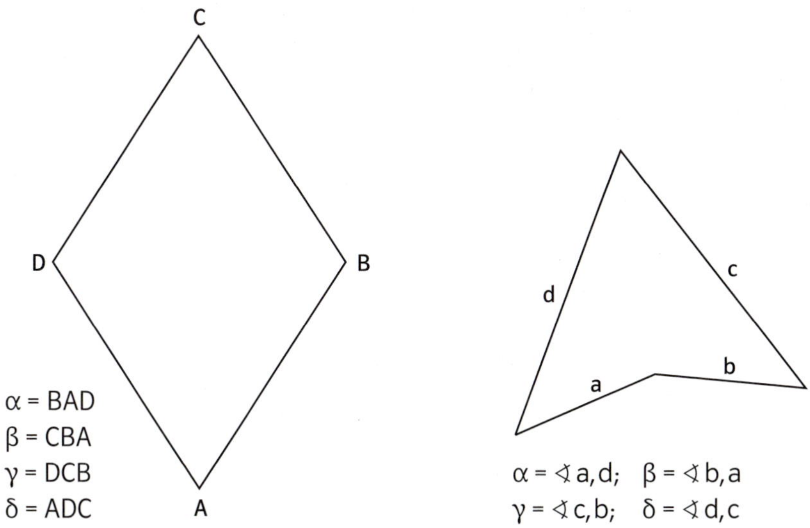

a) Gib an, um welche Figuren es sich handelt.
b) Bezeichne die Winkel mit dem richtigen griechischen Buchstaben.

12

Bei einer Waage mit Zeigerdarstellung überstreicht der Zeiger für jedes Gewicht einen bestimmten Winkel.

a) Gib an, welches Gewicht zu den dargestellten Winkeln gehört.

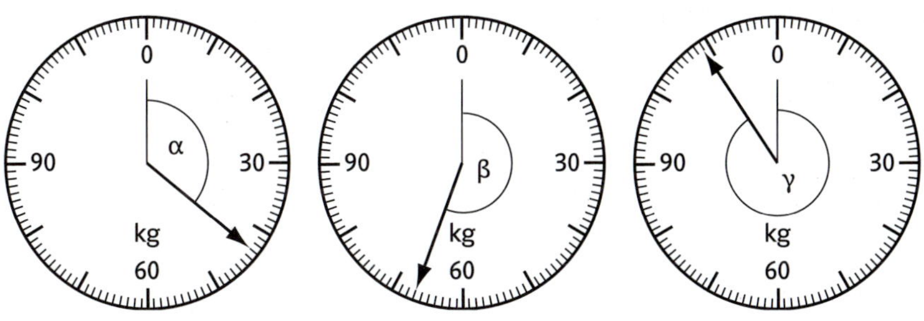

b) Zeichne eine Waage mit Zeigerdarstellung und markiere jeweils den Winkel für 35 kg, 54 kg, 69 kg, 100 kg und 120 kg.

5.4 Winkelarten

Die Einteilung von Winkeln in Winkelarten hilft dir, Winkel zu vergleichen. Deshalb wiederholst du hier

- Winkel in verschiedene Typen einzuteilen und
- Winkel mithilfe der Winkelarten zu vergleichen.

WISSEN

Diese Winkelarten musst du kennen

spitzer Winkel | rechter Winkel | stumpfer Winkel

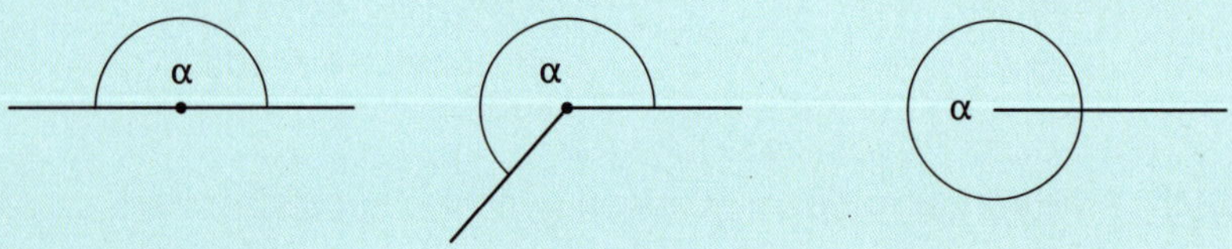

gestreckter Winkel | überstumpfer Winkel | Vollwinkel

Beispiele für typische Aufgaben:
Gib an, um welche Winkelarten es sich handelt und ordne die Winkel nach ihrer Größe.

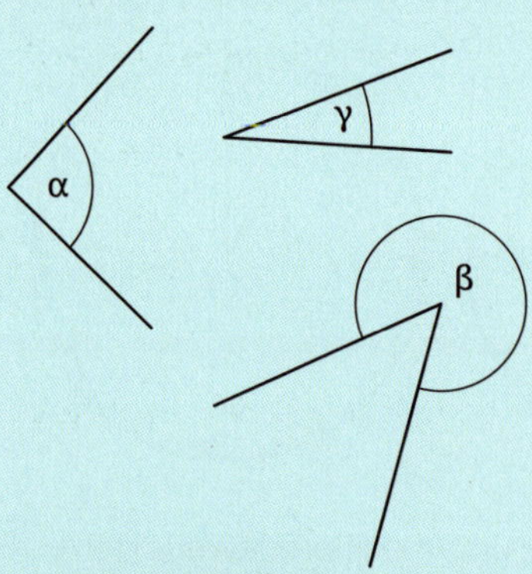

α: rechter Winkel
β: überstumpfer Winkel
γ: spitzer Winkel

Es gilt also $\gamma < \alpha < \beta$.

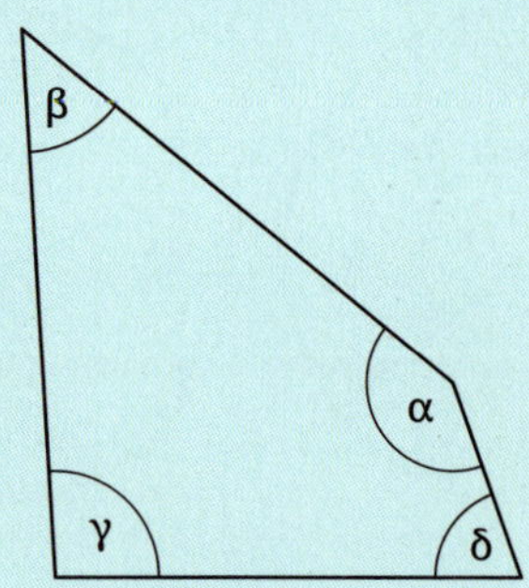

α: stumpfer Winkel
β: spitzer Winkel
γ: stumpfer Winkel
δ: spitzer Winkel

Es gilt also $\beta < \delta < \gamma < \alpha$.

13

Bezeichne die Winkel mit dem richtigen griechischen Buchstaben und gib an, um welche Figur und um welche Winkelart es sich jeweils handelt.

a)

α = BAD
β = CBA
γ = DCB
δ = CDA

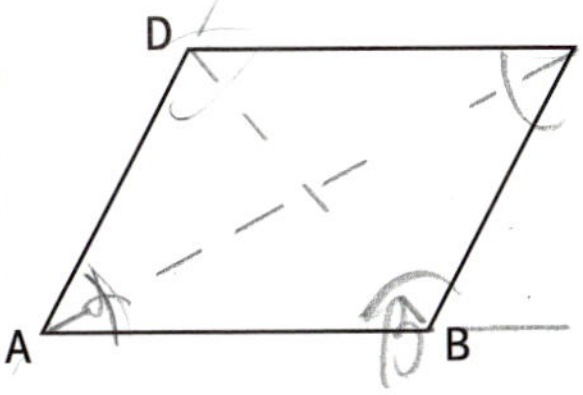

b)

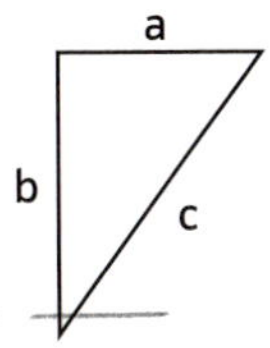

α = ∢ c, b
β = ∢ a, c
γ = ∢ b, a

14

Gib an, um welche Winkelart es sich handelt und ordne die Winkel nach der Größe.

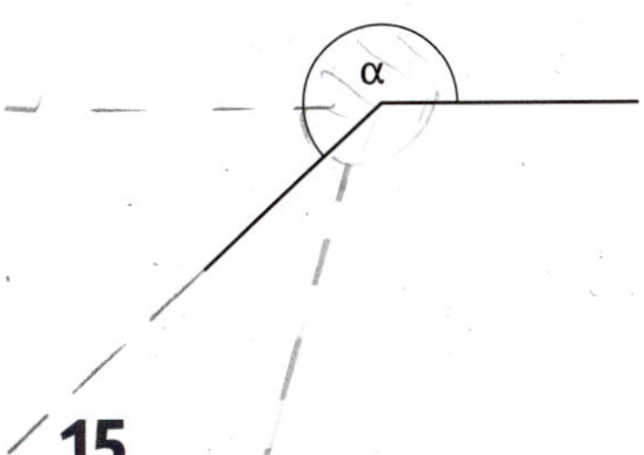

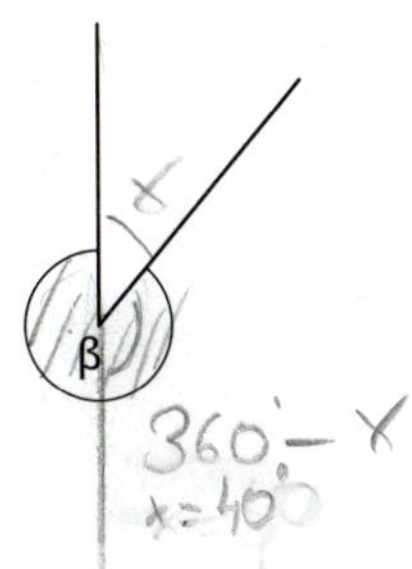

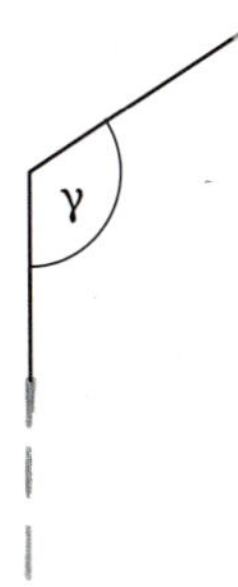

15

①

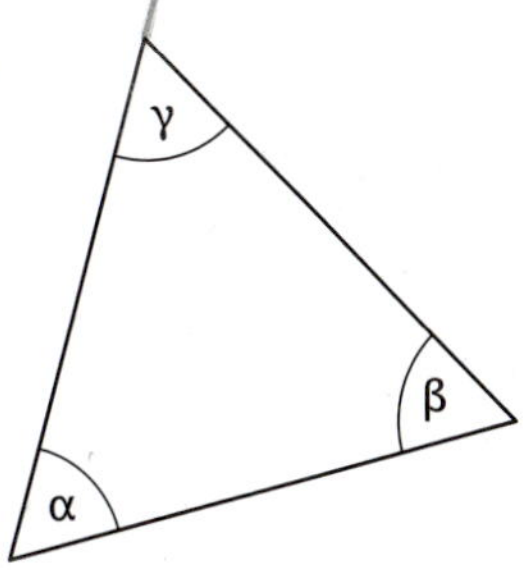

②

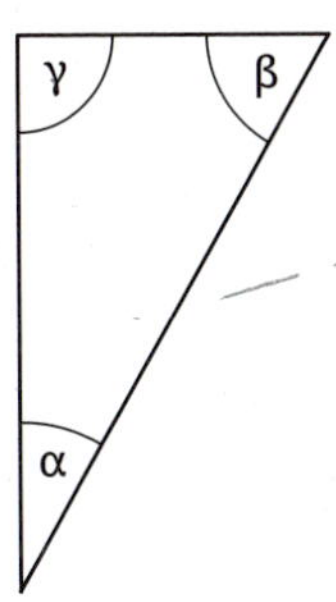

③

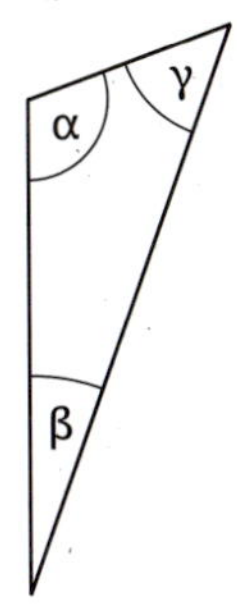

a) Gib für jedes Dreieck an, um welche Winkelart es sich handelt.
b) Vervollständige den Satz:

Ein Dreieck besteht entweder aus drei gleichschenkligen Winkeln oder aus zwei spitzen Winkeln und einem stumpfen Winkel oder einem spitzen Winkel.

5.5 Winkel schätzen und messen

In vielen Bereichen reicht eine Einteilung in Winkelarten nicht mehr aus. Zum Beispiel in der Architektur, bei Landvermessungen oder der Konstruktion geometrischer Figuren müssen Winkel ganz genau gemessen werden. Deshalb wiederholst du hier

- die Maßeinheit für Winkel,
- das genaue Messen von Winkeln.

WISSEN

So gibst du die Größe eines Winkels an

*Statt **Winkelgröße** wird auch **Winkelweite** gesagt.*

Die Größe eines Winkels wird in **Grad** angegeben.
Einen Winkel von 1 Grad (**1°**) erhältst du, wenn du einen Kreis (Vollwinkel) in 360 gleich große Kreisausschnitte teilst.
Genau diese Einteilung findest du auf deinem Geodreieck wieder.
Merke dir: Der rechte Winkel hat 90° und der gestreckte Winkel 180°.

Beachte:
Ist nichts anderes angegeben, werden Winkel immer **gegen den Uhrzeigersinn** gemessen!

So kannst du Winkel zwischen 0° und 180° messen

1. Möglichkeit

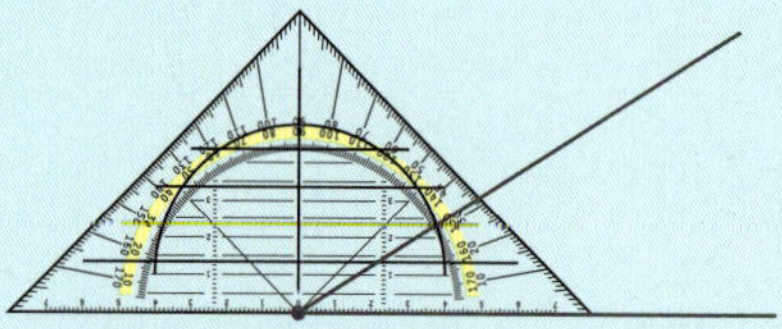

Lege dein Geodreieck von oben mit der Grundseite an den ersten Schenkel an (siehe Bild).
Beachte, dass der Nullpunkt genau auf dem Scheitelpunkt S liegt.
Jetzt kannst du die Winkelgröße direkt ablesen.

__Beachte:__ Dein Geodreieck hat eine Innen- und eine Außenskala. Beginne beim Messen immer bei 0°.

2. Möglichkeit

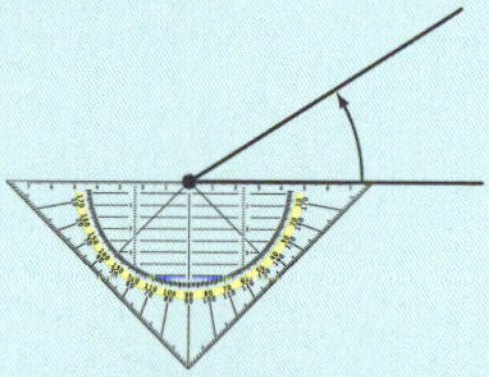

Lege dein Geodreieck von unten mit der Grundseite an den ersten Schenkel an (siehe Bild).
Beachte, dass der Nullpunkt genau auf dem Scheitelpunkt S liegt.
Drehe nun das Geodreieck so lange, bis die Grundseite den zweiten Schenkel berührt.
Jetzt kannst du die Winkelgröße ablesen.

WISSEN

So kannst du Winkel zwischen 180° und 360° messen

1. Möglichkeit

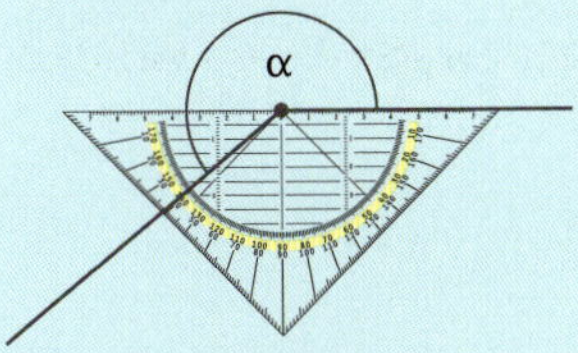

$\alpha = 40° + 180° = 220°$

Lege dein Geodreieck von unten mit der Grundseite an den ersten Schenkel an (siehe Bild). Beachte, dass der Nullpunkt genau auf dem Scheitelpunkt S liegt. Lies die Winkelgröße ab. Zum abgelesenen Wert musst du noch 180° addieren.

2. Möglichkeit

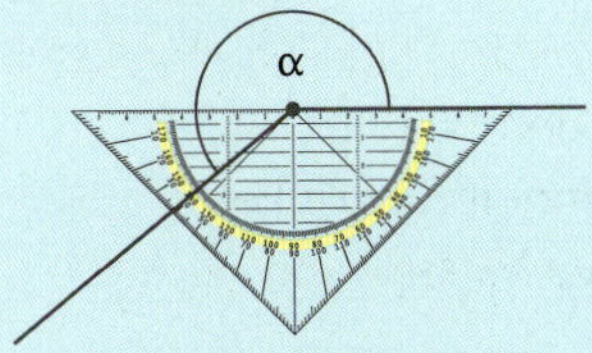

$\alpha = 360° - 140° = 220°$

Du weißt, dass durch zwei Schenkel auch zwei Winkel bestimmt sind. Beide Winkel zusammen sind 360° groß. Miss also den kleineren Winkel. Den abgelesenen Wert musst du von 360° subtrahieren.

Beispiel:
Miss die Innenwinkel des Vierecks.

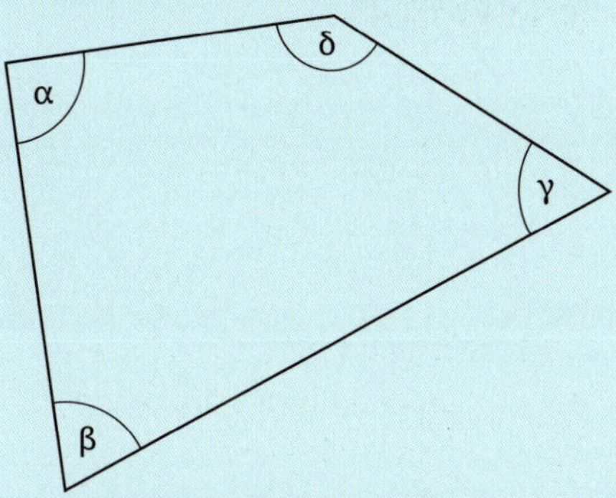

$\alpha = 90°$
$\beta = 70°$
$\gamma = 60°$
$\delta = 140°$

Lösungstipps:

1. Teile zuerst die Winkel in Winkelarten ein.
2. Sind die Schenkel des Winkels zum Messen zu kurz, verlängere sie mit deinem Geodreieck.

16

Ordne jeder Winkelart die entsprechenden Winkelgrößen zu und fülle die Tabelle aus.

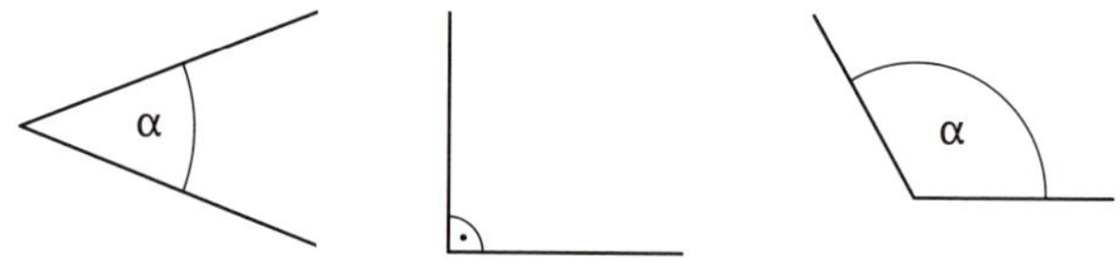

Winkelgröße			
Winkelart	spitz	rechter Winkel	

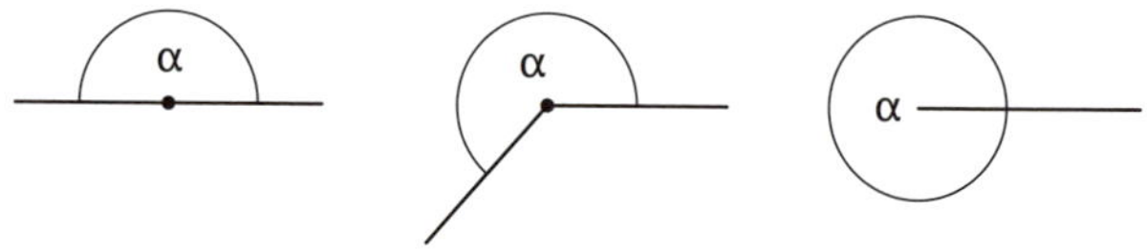

Winkelgröße	α = 180°	180° < α < 360°	
Winkelart			Vollwinkel

17

Miss die angegebenen Winkel in der Figur.

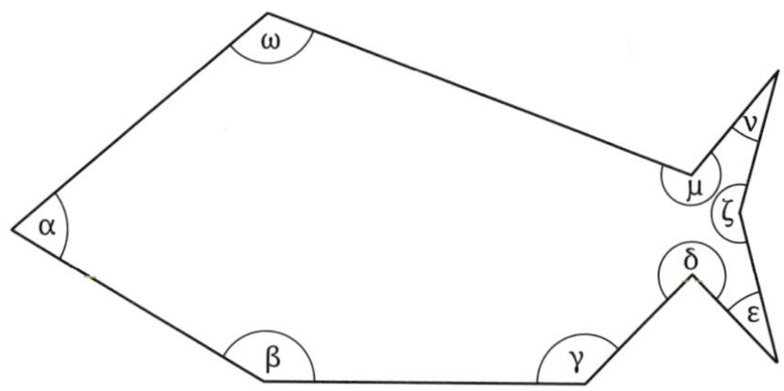

18

Schätze zuerst die Winkelgrößen und miss anschließend mit dem Geodreieck nach. Wenn dein Schätzwert um nicht mehr als 10° abweicht, kannst du sehr zufrieden sein.

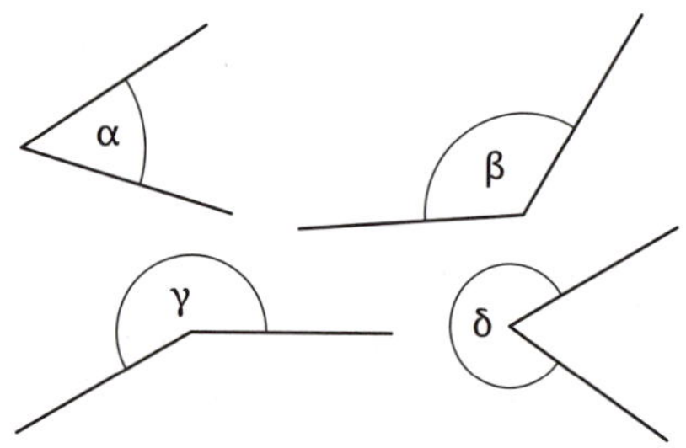

19

Auch beim Fußball spielen Winkel eine große Rolle – nämlich beim Torschuss. Von Reportern kannst du häufig Kommentare hören wie „der Stürmer hat aus spitzem Winkel das Tor getroffen“ oder „der Torwart hat den Winkel so verkürzt, dass der Schuss daneben ging“.

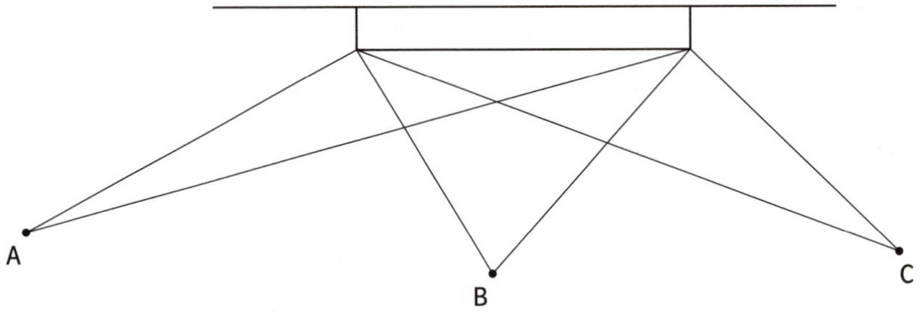

a) Bestimme, welcher der drei Spieler den größten Einschusswinkel hat.
b) Erkläre den Kommentar „Der Torwart hat durch sein Herauslaufen den Schusswinkel verkürzt“.

20 ★

In diesem Kreisdiagramm ist die Zusammensetzung von Luft dargestellt.

a) Miss die Winkelweiten der einzelnen Bestandteile.
b) Berechne den ungefähren Anteil der einzelnen Bestandteile.

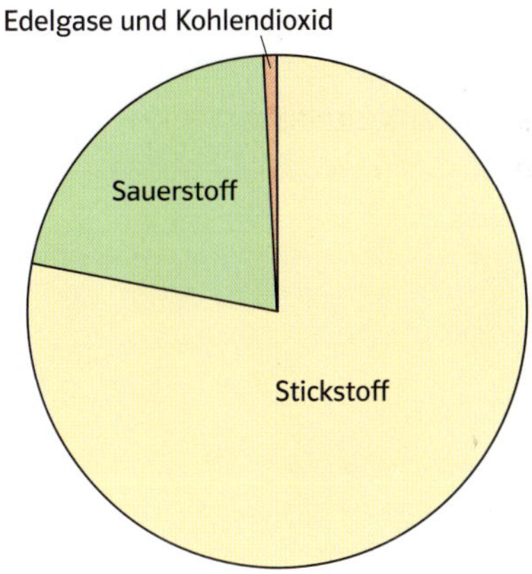

21

Verkehrsschilder zeigen die Steigung von Straßen an. Miss jeweils den zugehörigen Steigungswinkel α bzw. β.

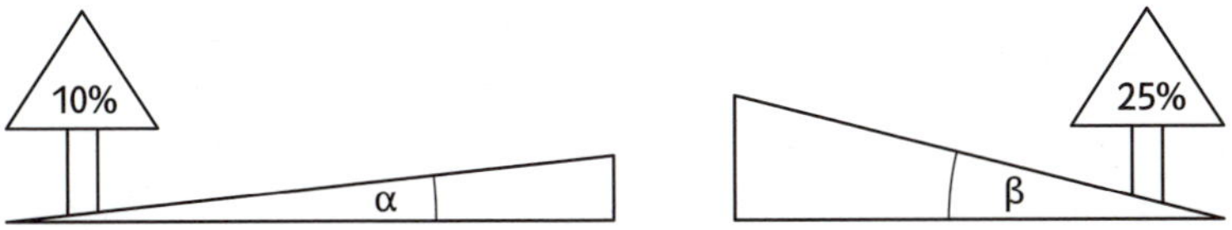

5.6 Winkel zeichnen

Beim Zeichnen von Winkeln musst du besonders sorgfältig vorgehen.
Hier übst du
- › verschiedene Winkelgrößen zu zeichnen,
- › beim Zeichnen auf Genauigkeit zu achten.

WISSEN

So kannst du Winkel zwischen 0° und 180° zeichnen

1. Möglichkeit

1. Zeichne einen Schenkel und markiere den Scheitelpunkt S.

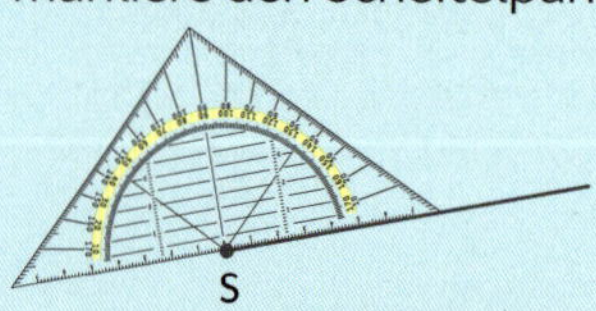

2. Lege dein Geodreieck von oben mit der Grundseite an den Schenkel an. Beachte, dass der Nullpunkt genau auf dem Scheitelpunkt S liegt.

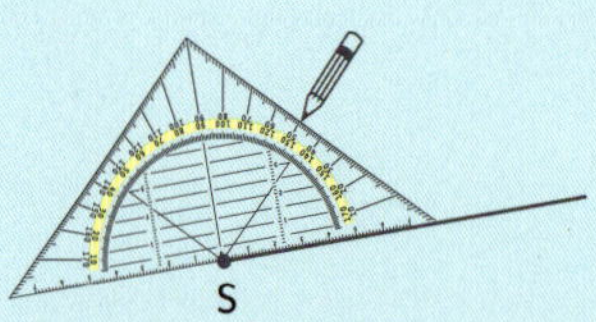

3. Beginne rechts bei 0° und markiere die gewünschte Winkelgröße mit dem Bleistift.
4. Verbinde die Bleistiftmarkierung mit dem Scheitelpunkt.

2. Möglichkeit

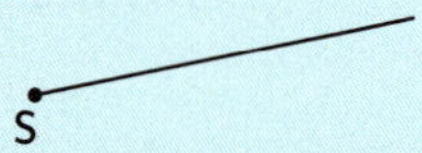

1. Zeichne einen Schenkel und markiere den Scheitelpunkt S.

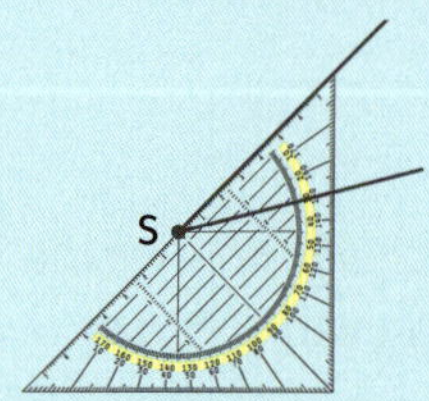

2. Lege dein Geodreieck von unten mit der Grundseite an den Schenkel an. Beachte, dass der Nullpunkt genau auf dem Scheitelpunkt S liegt.
3. Drehe nun das Geodreieck gegen den Uhrzeigersinn so lange, bis du die gewünschte Winkelgröße am ersten Schenkel ablesen kannst.
4. Zeichne den zweiten Schenkel an der Grundseite deines Geodreiecks entlang.

WISSEN

So kannst du Winkel zwischen 180° und 360° zeichnen

1. Möglichkeit

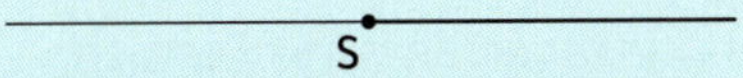

1. Zeichne einen Schenkel und markiere den Scheitelpunkt S.
2. Verlängere diesen Schenkel mit einer Hilfslinie zu einem 180°-Winkel.

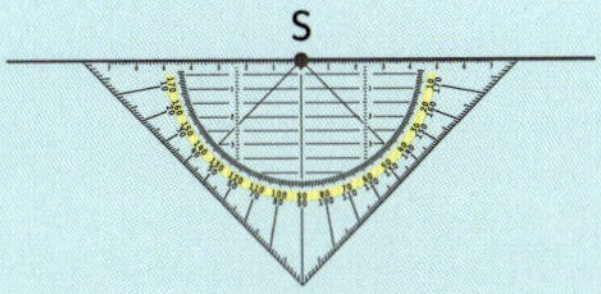

3. Lege dein Geodreieck von unten mit der Grundseite an den Schenkel an (siehe Bild). Beachte, dass der Nullpunkt genau auf dem Scheitelpunkt S liegt.

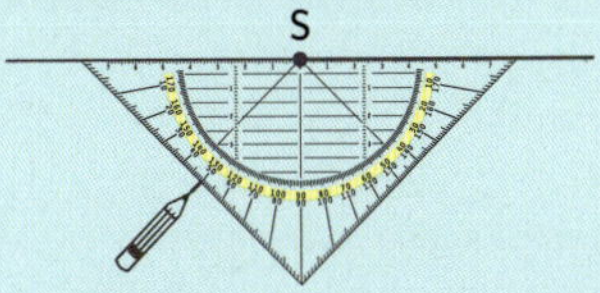

4. Beginne links bei 0° und trage die noch fehlende Winkelgröße mit dem Bleistift ab.
5. Verbinde die Bleistiftmarkierung mit dem Scheitelpunkt.

2. Möglichkeit

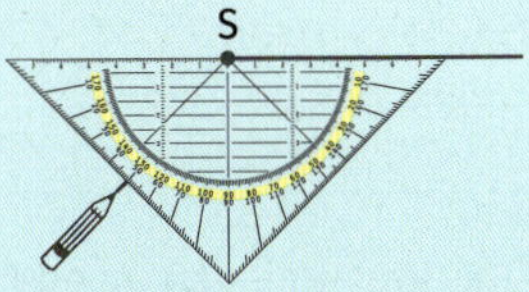

1. Subtrahiere zuerst die Winkelgröße von 360° und zeichne nun diesen Winkel, der kleiner als 180° ist, nach einer der beiden Möglichkeiten.
2. Markiere nun die ursprünglich gewünschte Winkelgröße. Beginne dazu mit dem ersten Schenkel.

22

Zeichne einen beliebigen spitzen, stumpfen und überstumpfen Winkel und miss die zugehörigen Winkelweiten.

23

Zeichne die Winkel. Überlege dir vorher, um was für einen Winkel es sich jeweils handelt.

a) $\alpha = 36°$
b) $\alpha = 76°$
c) $\alpha = 122°$
d) $\alpha = 285°$
e) $\alpha = 5°$
f) $\alpha = 328°$
g) $\alpha = 81°$
h) $\alpha = 45°$

24★

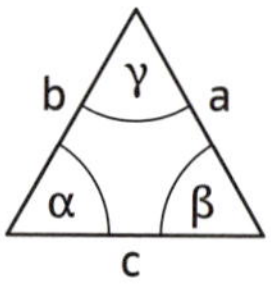

Konstruiere jeweils ein Dreieck mit den angegebenen Winkeln und der Seitenlänge c. Miss auch den fehlenden Winkel γ. Was fällt dir auf?

a) $\alpha = 45°$, $c = 5\,cm$, $\beta = 45°$
b) $\alpha = 20°$, $c = 5\,cm$, $\beta = 100°$
c) $\alpha = 60°$, $c = 3{,}3\,cm$, $\beta = 60°$

25

Mit welchem Winkel vom Abschlag muss der Golfball getroffen werden, dass er ins Loch rollt? Schätze zuerst und zeichne dann den Winkel ein. Miss die Winkel mit dem Geodreieck.

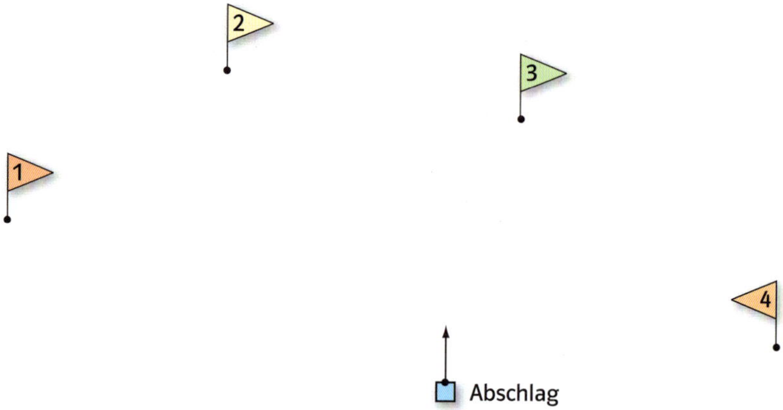

26

Zeichne ein Kreisdiagramm mit Durchmesser 6 cm und den angegebenen Winkeln.

a) $\alpha = 115°$; $\beta = 24°$; $\gamma = 78°$; $\delta = 61°$; $\varepsilon = ?$
b) $\alpha = 36°$; $\beta = 205°$; $\gamma = 48°$; $\delta = 21°$; $\varepsilon = ?$

Bestimme, wie groß der Winkel ε jeweils ist.

27

Zeichne ein Koordinatensystem mit der Längeneinheit 1 cm auf ein kariertes Blatt Papier.
Zeichne die angegebenen Punkte S und A ein und verbinde sie.
Zeichne nun in S beginnend gegen den Uhrzeigersinn den Winkel α.

a) $S(3|4)$, $A(2|1)$, $\alpha = 125°$
b) $S(5|0)$, $A(2|4)$, $\alpha = 63°$

Tipp:
Drehe dein Blatt so, dass der Schenkel SA waagrecht zur Tischkante ist.

28 ★

Eine Steigung von 10 % bedeutet, dass die Straße auf 100 m um 10 m ansteigt.

a) Zeichne eine maßstäbliche Darstellung der Steigung der Straße auf den Mont Ventoux (Südfrankreich) und miss den zugehörigen Steigungswinkel.
b) Die Straße nach Alpe d'Huez hat ein sehr steiles Stück mit einer Steigung von 8 %. Bestimme, wie groß der zugehörige Steigungswinkel ist.

Zur Erinnerung:
$1\,\% = \frac{1}{100}$
$10\,\% = \frac{10}{100} = \frac{1}{10}$

5.7 Winkelbeziehungen

Wenn du dich intensiver mit Winkeln beschäftigst, kannst du interessante Entdeckungen machen, die dir den Umgang mit Winkeln erheblich erleichtern.
Hier übst du deshalb

- Neben- und Scheitelwinkel zu erkennen und zu berechnen,
- Aussagen über Winkel zu machen, die keinen gemeinsamen Schnittpunkt haben.

WISSEN

Wie verhalten sich Winkel an zwei sich schneidenden Geraden?

Schneiden sich zwei Geraden, so heißen die einander gegenüberliegenden Winkel **Scheitelwinkel**.
Es gilt:
Scheitelwinkel sind **gleich groß**.

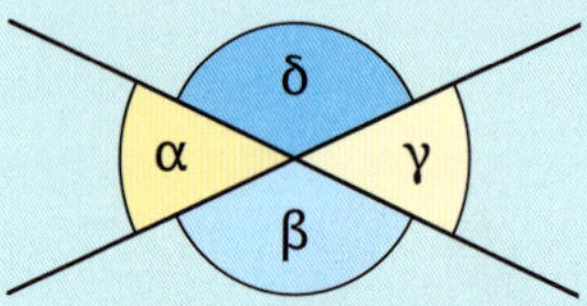

α und γ sowie β und δ sind Scheitelwinkel und es gilt:
$\alpha = \gamma$ und $\beta = \delta$

Nebeneinander liegende Winkel heißen **Nebenwinkel** und es gilt:
Die **Summe** zweier Nebenwinkel ist **180°**.

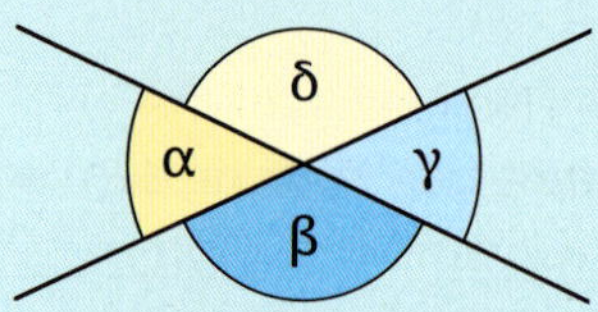

α und β sowie γ und δ sind Nebenwinkel und es gilt:
$\alpha + \beta = 180°$ und $\gamma + \delta = 180°$

Beispiel:
Gegeben sind zwei sich schneidende Geraden.
Bestimme die fehlenden Winkel.

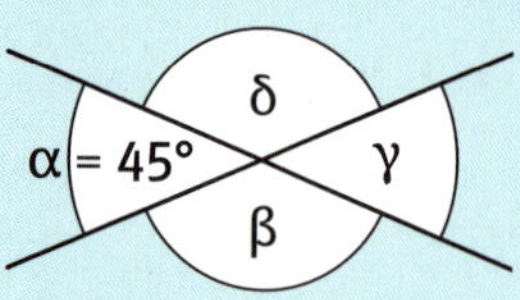

Lösung:
α und γ sind Scheitelwinkel, also ist $\gamma = \alpha = 45°$.
α und β sind Nebenwinkel, also ist $\beta = 180° - 45° = 135°$.
Da β und δ ebenfalls Scheitelwinkel sind, ist $\delta = \beta = 135°$.

29

Bestimme die fehlenden Winkel.

a)

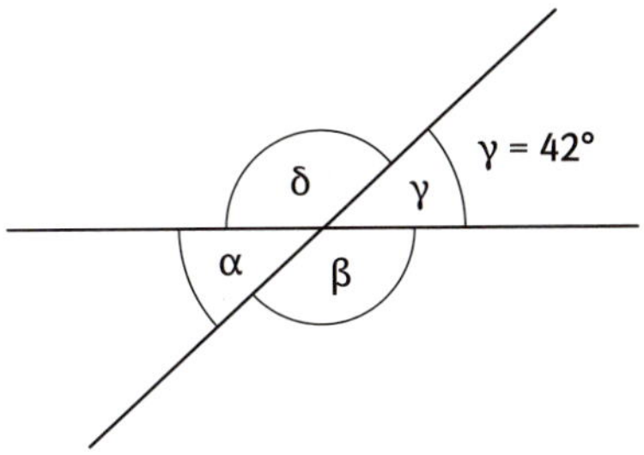

b)

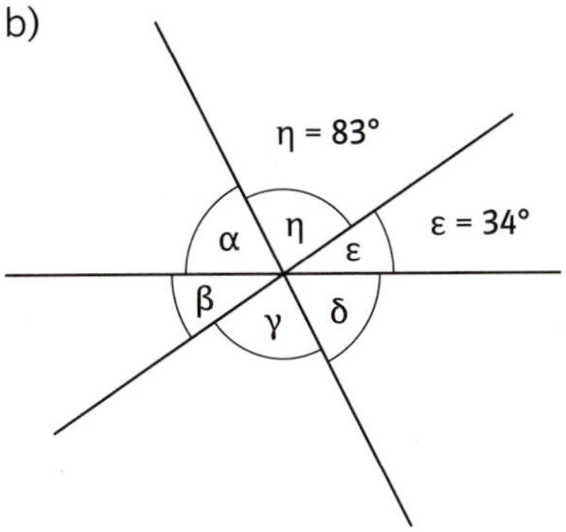

30

Zeichne zwei Geraden, die sich unter dem Winkel $\alpha = 133°$ schneiden. Markiere die fehlenden Winkel und berechne sie.

31

α und β sind Nebenwinkel.

a) Berechne β für die angegebenen Werte von α.

α	18°	55°	90°	116°	163°
β					

Tipp:
Du kannst deine Lösung ganz leicht überprüfen, in dem du die Zahlen jeder Spalten addierst. Es muss sich jeweils 180 ergeben.

b) Gib an, wie groß der Scheitelwinkel von β ist, wenn $\alpha = 48°$ ist.

32 ★

Sind die Aussagen wahr oder falsch? Begründe.

a) Wenn an zwei sich schneidenden Geraden ein Winkel ein rechter ist, dann sind alle Winkel rechte Winkel.

b) Es gibt Nebenwinkel, die nur spitzwinklig sind.

WISSEN

Was kann man über Winkel an geschnittenen Parallelen aussagen?

Schneidet eine Gerade zwei Parallelen, so entstehen acht Winkel. Dabei gibt es interessante Beziehungen zwischen Winkelpaaren, die keinen gemeinsamen Scheitelpunkt haben.

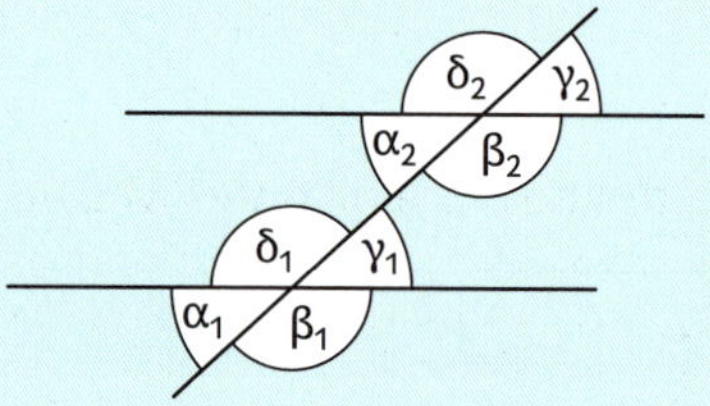

Stufenwinkel liegen auf derselben Seite der schneidenden Geraden.

Es gilt:
Stufenwinkel sind gleich groß.

Es gilt:
$\alpha_1 = \alpha_2$, $\beta_1 = \beta_2$, $\gamma_1 = \gamma_2$ und $\delta_1 = \delta_2$.

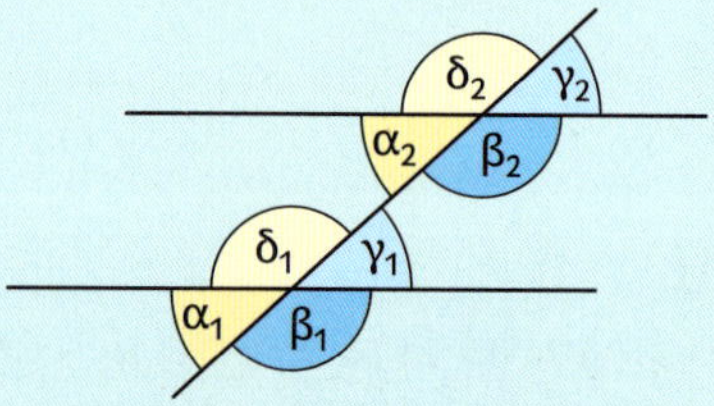

Wechselwinkel liegen auf verschiedenen Seiten der schneidenden Geraden.

Es gilt:
Wechselwinkel sind gleich groß.

Es gilt:
$\alpha_1 = \gamma_2$, $\beta_1 = \delta_2$, $\gamma_1 = \alpha_2$ und $\delta_1 = \beta_2$.

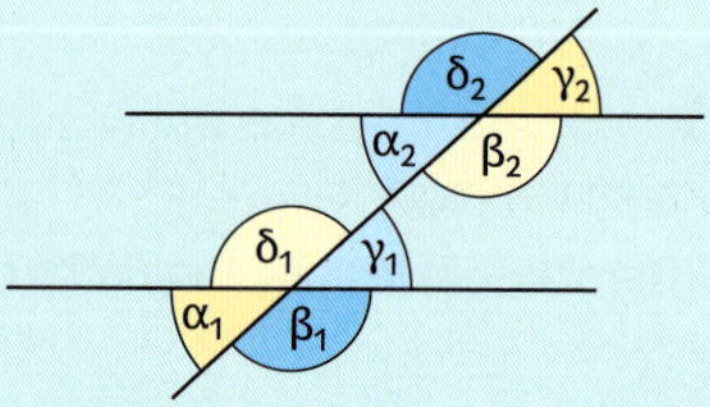

Beispiel für eine typische Aufgabenstellung:

Gegeben sind zwei Parallelen und eine Gerade, die die Parallelen schneidet.
$\alpha_1 = 120°$.
Bestimme die fehlenden Winkel.

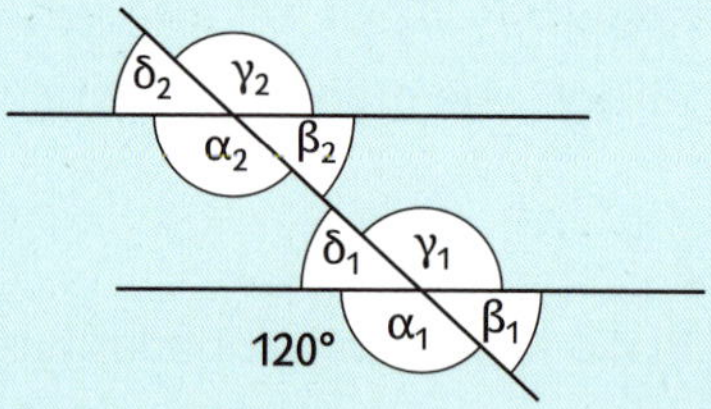

Lösung:
$\alpha_1 = \alpha_2 = \gamma_1 = \gamma_2 = 120°$
$\beta_1 = \delta_1 = \beta_2 = \delta_2 = 180° - 120° = 60°$

33

Die Geraden g und h sind parallel.
Es ist
a) $\alpha_2 = 58°$
b) $\beta_1 = 117°$
c) $\delta_2 = 150°$
Bestimme die fehlenden Winkel.

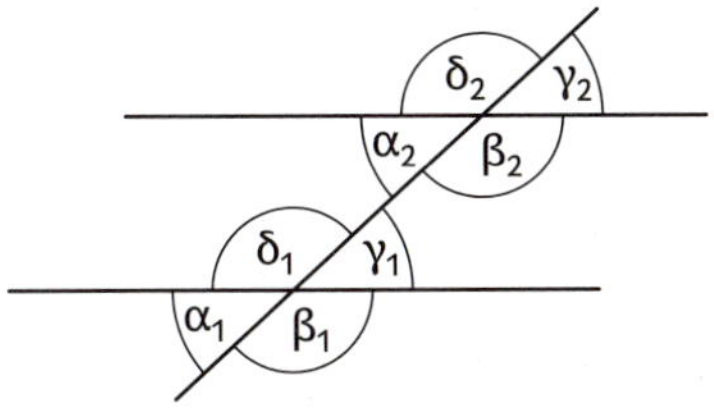

34

Zeichne zwei parallele Geraden im Abstand von 3 cm und eine Gerade so, dass gilt:

a) $\alpha_1 = 64°$ b) $\beta_2 = 147°$ c) $\delta_1 = 123°$.

35

Zeichne die nebenstehende Figur mit dem Winkel β und einem Abstand von 3 cm ab.
Markiere gleich große Winkel und berechne ihre Größe.

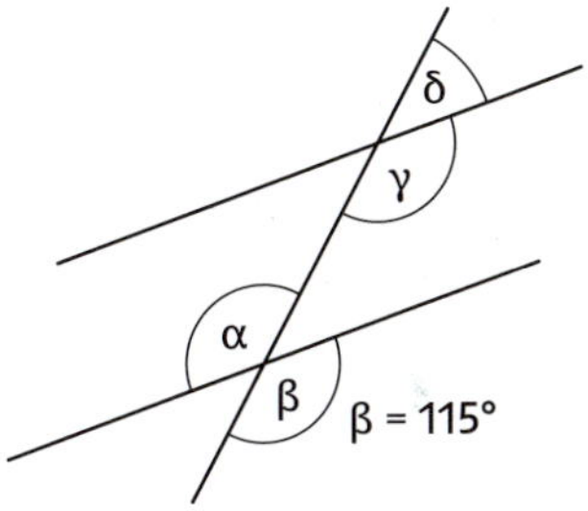

36 ★

Gegeben ist ein Parallelogramm ABCD und die Diagonale $\overline{AC}$.

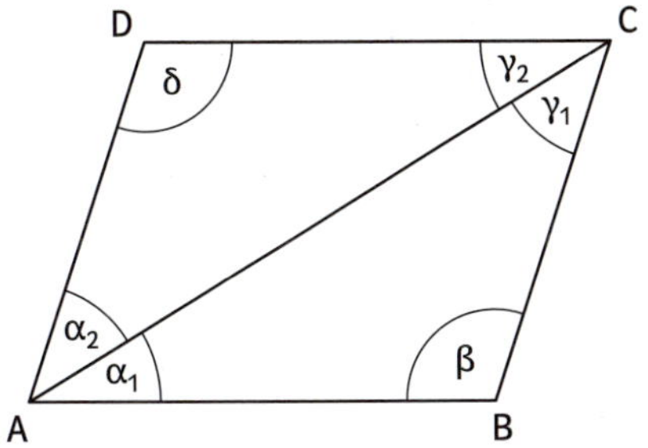

a) Welche Winkel sind gleich groß? Begründe.
b) Zeichne das Parallelogramm mit $\overline{AB} = 4\,cm$, $\sphericalangle BAD = 80°$ und $\overline{BC} = 3\,cm$. Füge die Diagonale $\overline{AC}$ ein.
Miss α_1 und berechne die übrigen Winkel.

1

Markiere in der Figur genau einen spitzen Winkel mit α und genau einen stumpfen Winkel mit β und miss die zugehörigen Winkelweiten.

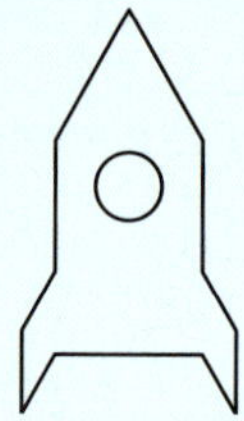

Punkte: ___ max. 4

2

Trage die Punkte A(2 | 4), B(6 | 1), C(10 | 4) und D(6 | 7) in ein Koordinatensystem (LE = 1 cm) ein und verbinde sie in alphabetischer Reihenfolge.

a) Gib an, um welches Viereck es sich handelt.

b) Markiere die Winkel $\alpha = \sphericalangle BAD$ und $\delta = \sphericalangle ADC$ und miss die zugehörigen Winkelgrößen.

Punkte: ___ max. 4

3

Zeichne einen Kreis in ein Koordinatensystem (LE = 1 cm) um M(4 | 3) mit d = 6 cm. Gib an, welche ganzzahligen Gitterpunkte auf dem Kreis liegen.

Punkte: ___ max. 4

4

Zeichne ein Kreisdiagramm (Radius r = 3 cm) mit den Winkeln 75°, 38°, 192° und 13°. Bestimme, welchen Winkel der letzte Ausschnitt hat.

Punkte: ___ max. 4

5

Laura hat ein Mandala gezeichnet.

a) Markiere die Punkte, an denen der Zirkel eingestochen wurde.

b) Bestimme, wie viele verschiedene Radien für dieses Mandala benötigt werden.

Punkte: ___ max. 2

6

Wie groß sind die fehlenden Winkel? Begründe.

a)

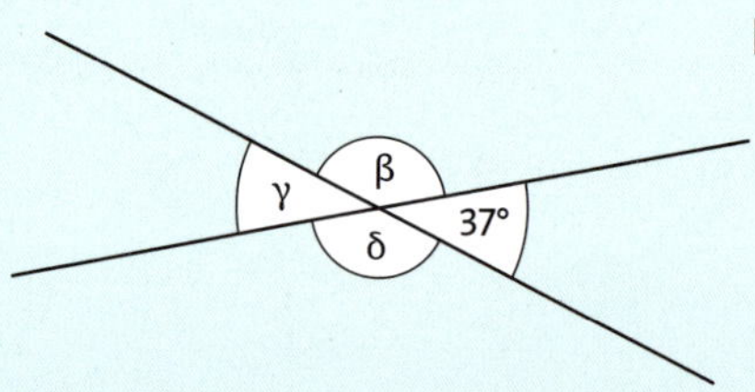

b)

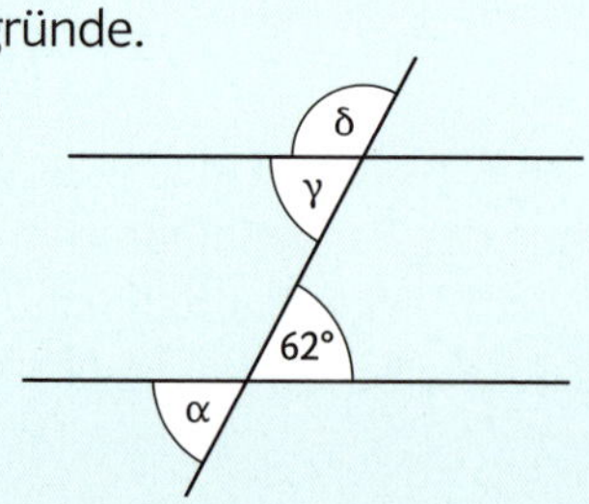

Punkte: ___ max. 6

Gesamtpunkte: ___ max. 24

Super! Du hast das **Kapitel 5 – Kreise und Winkel** durchgearbeitet. Anschließend hast du die Testaufgaben gelöst und deine Punkte zusammengezählt.

In der Checkliste kannst du nun alle Testaufgaben abhaken, in denen du besonders gut abgeschnitten hast. Wenn du bei einigen Aufgaben noch nicht die volle Punktzahl erreicht hast, wiederhole einfach die Übungen, die in der letzten Spalte der Tabelle angegeben sind.

Meine Checkliste

Test-aufgabe	**Thema**	**Konnte ich gut lösen**	**Ich hatte Fehler und wiederhole deshalb die Übungen**
1	Winkelarten Winkel schätzen und messen		13 – 15 16 – 21
2	Winkel schätzen und messen		16 – 21
3	Kreise		1 – 6
4	Winkel zeichnen		22 – 28
5	Kreismuster		7 – 10
6	Winkelbeziehungen		29 – 32

6 Daten erfassen, darstellen und interpretieren

6.1 Anteile und Häufigkeiten

Bei Messungen, Umfragen oder statistischen Erhebungen wird meistens eine Tabelle angelegt, in der dann die Ergebnisse (z. B. die Zahl der Stimmen) eingetragen werden. Zur Aufbereitung und Interpretation werden diese Daten häufig in Prozentzahlen umgewandelt, da sie sich dann besonders gut vergleichen lassen.
Hier wiederholst du,

- worin der Unterschied zwischen der absoluten und relativen Häufigkeit besteht,
- wie du Daten auswerten kannst.

WISSEN

Was sind absolute und relative Häufigkeiten?

Unter einer **absoluten Häufigkeit** versteht man die **Anzahl** der Ergebnisse/Stimmen einer Messung, Umfrage oder statistischen Erhebung.
Die **relative Häufigkeit** ist der **Anteil** der absoluten Häufigkeit an der Gesamtzahl.
Du kannst sie als Bruch $\frac{\text{absolute Häufigkeit}}{\text{Gesamtzahl}}$ schreiben und in eine Prozentangabe umwandeln.

Beispiel:
Felix nimmt an einer Verkehrszählung teil und fasst die Daten in einer Tabelle zusammen.

Sind keine Mehrfachnennungen zugelassen, so muss die Summe aller Anteile 1 bzw. 100 % ergeben.

Absolute Häufigkeit

Fahrzeugtyp	Anzahl
Auto	73
Lkw	30
Motorrad	17
Insgesamt	120

Relative Häufigkeit

Fahrzeugtyp	Anzahl	Prozent
Auto	$\frac{73}{120}$	≈ 60,8 %
Lkw	$\frac{30}{120}$	25 %
Motorrad	$\frac{17}{120}$	≈ 14,2 %
Insgesamt	$\frac{120}{120}$	100 %

mit Online-Übungen

1

Max hat 60 Schülerinnen und Schüler nach ihrer Lieblingssportart befragt und das Ergebnis in einer Tabelle notiert. Bestimme die relativen Häufigkeiten.

Sportart	Fußball	Tischtennis	Basketball	Turnen	Sonstiges
Anzahl	25	12	15	6	2
Anteil					
Prozent					

2

Bei einer Umfrage in der Klasse wurden alle 32 Schülerinnen und Schüler nach ihrem Lieblingshobby gefragt. Doppelnennungen waren nicht möglich. Die Ergebnisse wurden in einer Tabelle aufgeschrieben.

Hobby	Lesen	Computer	Sport	Fernsehen	Sonstiges
Anzahl	6			5	
Anteil		$\frac{3}{8}$			
Prozent			25 %		

Fülle die fehlenden Felder aus.

3★

Um die Regeln der Wahrscheinlichkeitsrechnung nachvollziehen zu können, führt Pascal ein Zufallsexperiment durch. Er würfelt mit zwei Würfeln 400-mal und notiert sich in einer Tabelle, wie oft die gewürfelte Augensumme aufgetaucht ist.

Summe	2	3	4	5	6	7	8	9	10	11	12
Anzahl	11	25	34	48	62	84	59	39	21	15	2
Anteil											
Prozent											
berechnete Wahrscheinlichkeit											

Hier kannst du einen Taschenrechner verwenden. Runde auf eine Stelle nach dem Komma.

a) Berechne die Anteile und wandle sie in Prozentangaben um.
b) Berechne, wie groß die rechnerische Wahrscheinlichkeit für die jeweiligen Augensummen ist.

6.2 Statistiken auswerten

Bei der Auswertung und dem Vergleich von Statistiken mithilfe von Häufigkeitstabellen und Diagrammen können verschiedene markante Werte, die so genannten **Kennwerte** ermittelt werden. Diese Kennwerte können das Verständnis und die Interpretation der Umfrageergebnisse erleichtern.

WISSEN

Was ist die Rangliste?

Damit du die Kennwerte einfacher bestimmen kannst, musst du alle Werte eines Merkmals/Ergebnisses aus der Urliste der Größe nach aufschreiben. Das nennt man **Rangliste**.

Beispiel: Noten einer Mathe-Arbeit
1; 1,5; 1,5; 1,5; 2; 2; 2; 2; 2,5; 2,5; 2,5; 3; $\underline{3}$; $\underline{3}$; 3; 3, 3, 3; 3,5; 3,5; 3,5; 4; 4; 4,5; 5; 5

Was ist die Spannweite?

Die Spannweite ist die **Differenz zwischen dem größten und dem kleinsten Wert** der Rangliste.

Spannweite der Mathe-Arbeit:
5 − 1 = 4

Was ist der Zentralwert oder Median?

Beachte:
Ist der Umfang der Erhebung gerade, entspricht der Zentralwert dem Mittelwert der beiden mittleren Werte.

Der **Zentralwert** oder **Median** ist der Wert, der in der Mitte der Rangliste steht.

Umfang der Erhebung: 26
Zentralwert der Mathe-Arbeit:
$\frac{3+3}{2} = 3$

Was ist der Mittelwert?

Den Mittelwert m berechnest du, indem du alle Werte der Rangliste addierst und die Summe durch den Umfang dividierst.

$$m = \frac{1+1{,}5+1{,}5+1{,}5+2+2+2+2+2{,}5+2{,}5+2{,}5+3+3+3+3+3+3+3+3{,}5+3{,}5+3{,}5+4+4+4{,}5+5+5}{26}$$

$$= \frac{1+3\cdot 1{,}5+4\cdot 2+3\cdot 2{,}5+7\cdot 3+3\cdot 3{,}5+2\cdot 4+4{,}5+2\cdot 5}{26} \approx 2{,}9$$

4

Bestimme für die Ranglisten die Spannweite, den Zentralwert (Median) und den Mittelwert.

a) 0; 2; 2; 3; 5; 6; 7; 8; 8; 10; 15; 20; 21
b) 0; 0; 0; 1; 1; 2; 2; 2; 5; 6; 6; 6; 6; 6

5★

Jonas und Jasmin üben Shuffleboard und notieren sich ihre Ergebnisse.

Achtung: Kennwerte kann man auch für negative Zahlen ermitteln.

Jonas: 7; 7; 10; 8; 8; 10; 10; 10; 8; −10, 7; 10; 8; 10; 8; 8; −10; 8
Jasmin: 8; 7; 7; −10; 7; 7; 8; −10; −10; 10; 10; 10; 7; 7; 8; 10; 7; 7

a) Stelle für beide eine Rangliste auf und bestimme die Spannweite und den Zentralwert.
b) Erstelle eine Tabelle mit den absoluten und relativen Häufigkeiten.
c) Berechne den Mittelwert.

6

Bei Schülern wurde eine Umfrage nach der Anzahl der Kinder in der Familie gemacht und das Ergebnis in einer Urliste notiert.

1 2 2 3 1 1 1 1 2 2 1 3 1 1 4 1 1 2 2 2 1 1 5 1 1 2 2 1

a) Erstelle eine Rangliste und bestimme die Spannweite und den Zentralwert (Median).
b) Erstelle eine Tabelle mit den absoluten und relativen Häufigkeiten.
c) Berechne den Mittelwert.
d) Beschreibe die Bedeutung der Kennwerte in Bezug auf die Umfrageergebnisse.

7

Die 26 Schüler einer Klasse sollen zwei Bücher mit Noten von 1 (sehr gut) bis 4 (schlecht) beurteilen.

1. Buch: 3; 4; 2; 2; 2; 3; 4; 4; 3; 2; 2; 2; 4; 3; 3, 2; 2; 3; 3; 4; 2; 2; 3; 3, 2; 4
2. Buch: 2; 3; 2; 2; 2; 1; 2; 1; 1; 1; 2; 2; 2; 1; 3; 3; 1; 3; 3; 3; 3; 1; 2; 2; 2; 1

a) Erstelle eine Rangliste und bestimme die Spannweite und den Zentralwert (Median).
b) Berechne den Mittelwert.
c) Beschreibe die Bedeutung der Kennwerte in Bezug auf die Umfrageergebnisse.

6.3 Diagramme (richtig) lesen

Diagramme veranschaulichen dir meist Größenangaben oder Anteile auf einen Blick. Diagramme können aber auch einen falschen Eindruck vermitteln.
Deshalb übst du hier,
- bei Diagrammen genau hinzuschauen,
- Diagramme richtig zu deuten.

WISSEN

Diese wichtigen Diagrammtypen solltest du kennen

I. Diagramme, die Anteile veranschaulichen

Verteilung der Weltbevölkerung

Kreisdiagramm

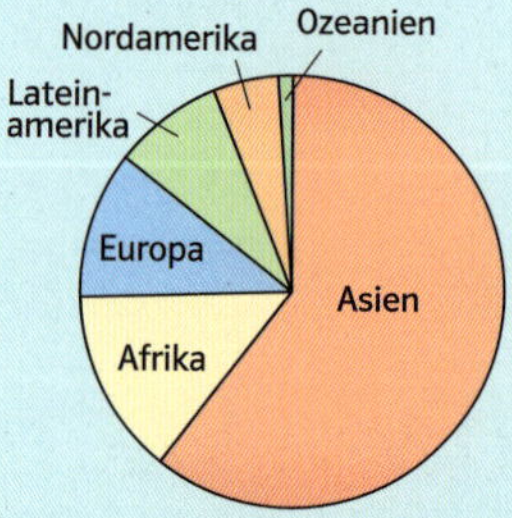

Stabdiagramm

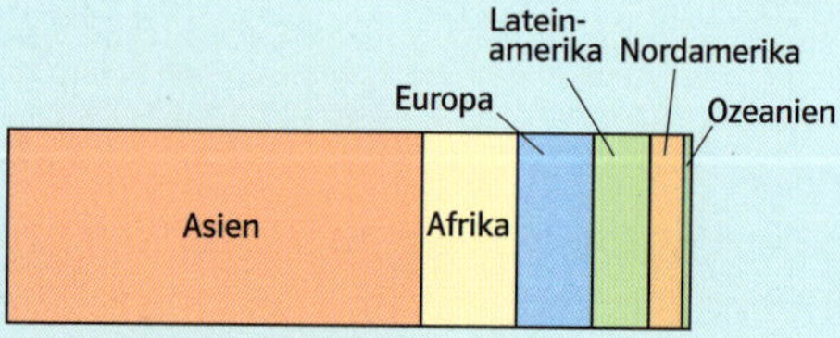

So kannst du das Kreisdiagramm lesen

1. Miss die Winkelweite. — Beispiel Europa: 40°
2. Berechne den Anteil, indem du die Winkelweite durch 360° teilst. — $40° : 360° = \frac{40}{360} = \frac{1}{9} \approx 0{,}111$
3. Wandle diese Dezimalzahl in eine Prozentangabe um. — $0{,}111 = 11{,}1\,\%$

So kannst du das Stabdiagramm lesen

1. Miss die Länge eines Abschnitts. — Beispiel Lateinamerika: 0,4 cm
2. Berechne den Anteil, indem du die Länge des Abschnitts durch die Gesamtlänge des Stabs teilst. — $0{,}4\,\text{cm} : 5\,\text{cm} = 4 : 50 = \frac{4}{50} = 0{,}08$
3. Wandle diese Dezimalzahl in eine Prozentangabe um. — $0{,}08 = 8\,\%$

mit Online-Übungen

WISSEN

II. Diagramme, aus denen du Zahlenangaben direkt abgelesen kannst

Säulendiagramm

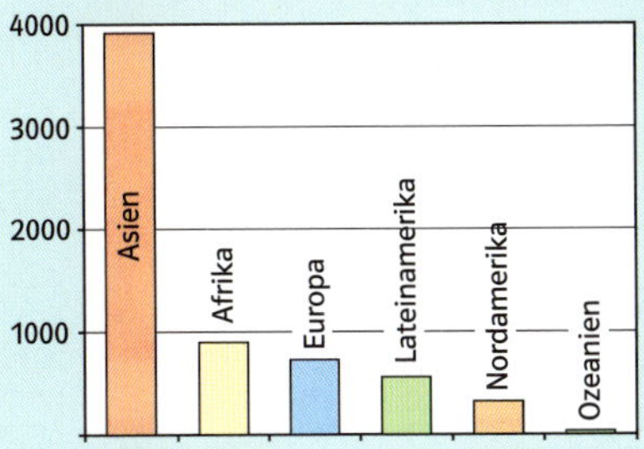

Balkendiagramm

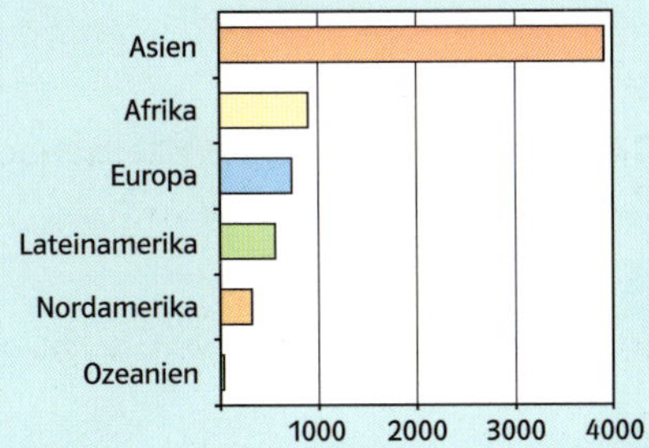

Liniendiagramm

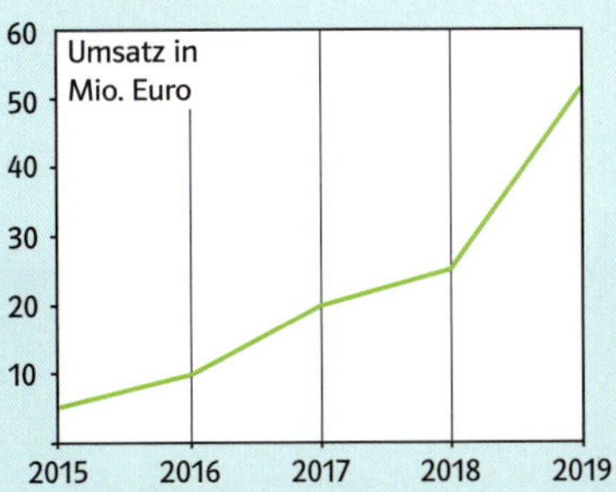

Bilddiagramm

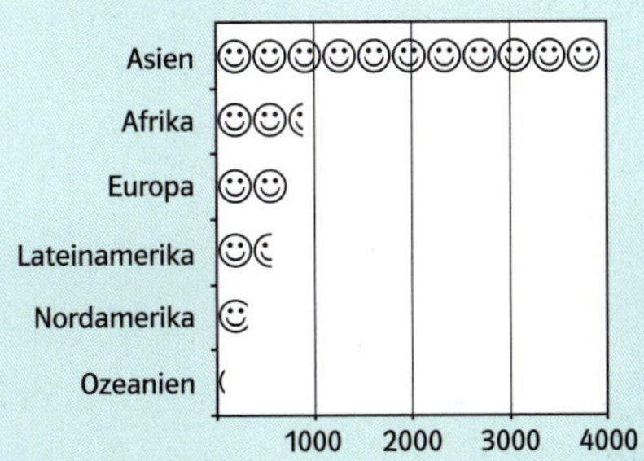

Tipp:
Achte beim Lesen und Interpretieren der Diagramme besonders darauf, welche Einheiten auf den Achsen abgetragen sind und wo die Skalen beginnen.

Beispiel:
Die beiden Diagramme veranschaulichen dasselbe jährliche Aufkommen an Müll in kg je Einwohner, werden aber zu unterschiedlichen Zwecken verschieden dargestellt.

a) „Müllaufkommen in allen Bundesländern ziemlich niedrig."

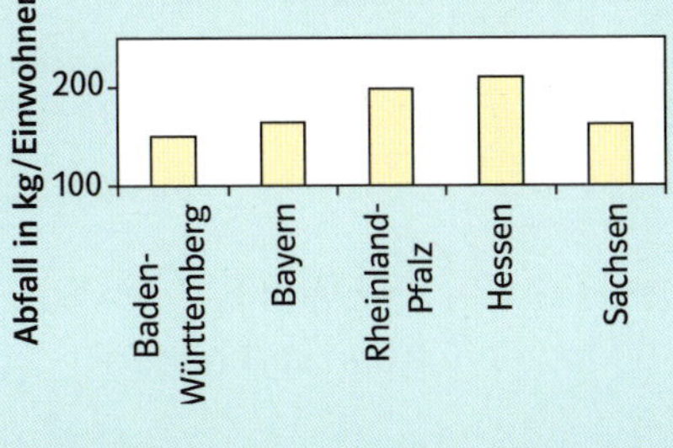

b) „Müllaufkommen in Rheinland-Pfalz und Hessen ziemlich hoch."

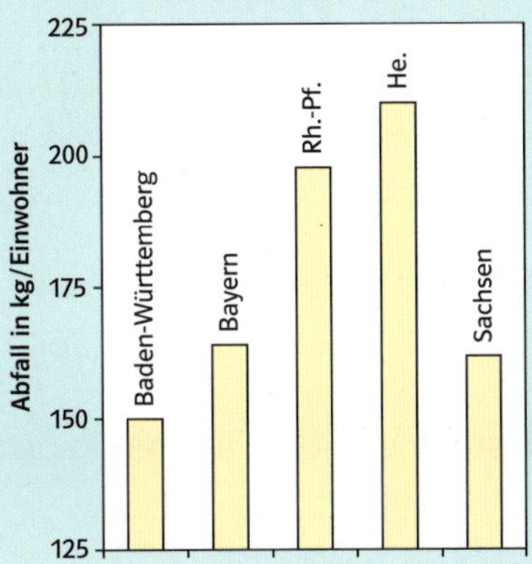

8

Ein Haushalt verbraucht etwa 150 l Wasser pro Tag.

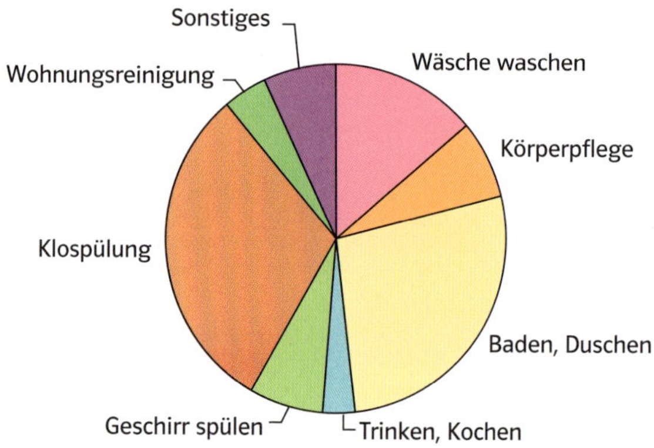

a) Welcher Anteil an Wasser wird wofür verbraucht? Wie viel Liter sind das ungefähr? Berechne.
b) Was kannst du tun, um den Wasserverbrauch zu verringern? Beschreibe.

9

Nach dem Anlegen eines neuen Schulteichs protokolliert die Umwelt-AG jeden Monat, wie der Teich nach und nach von Pflanzen besiedelt wird.

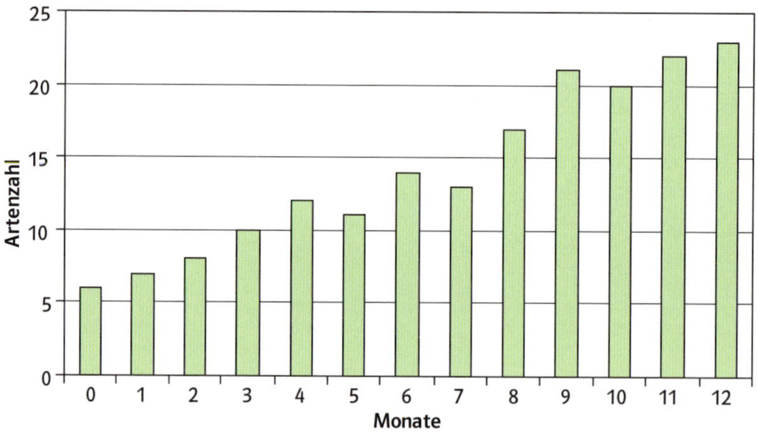

a) Beschreibe die Entwicklung im Teich anhand des Diagramms.
b) Was bedeutet es, dass zum Zeitpunkt 0 Monate 6 Arten vorhanden waren? Erkläre.
c) Bestimme, wie viele Arten es nach einem halben, nach einem Jahr im Teich gab.

10

Die folgende Fieberkurve ist typisch für eine Salmonellenerkrankung.

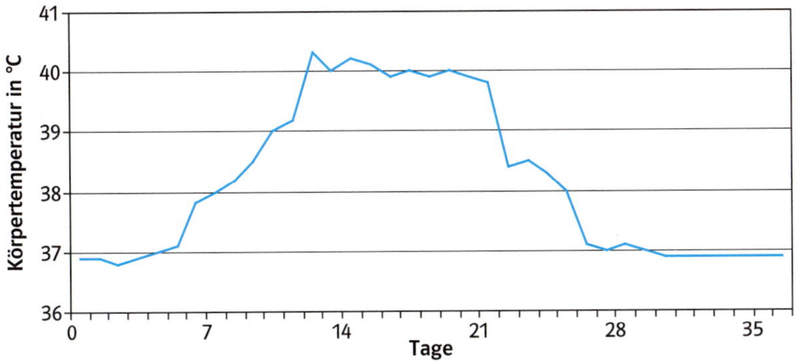

a) Die Krankheit bricht aus, wenn das Fieber merklich ansteigt. Bestimme, zu welchem Zeitpunkt nach der Ansteckung die Erkrankung ausbricht.

b) Die Phase der Gesundung beginnt, wenn das Fieber deutlich und dauerhaft zurückgeht. Bestimme, zu welchem Zeitpunkt diese Entwicklung einsetzt.

c) Gib an, am wievielten Tag das Fieber am höchsten ist und wie hoch die Temperatur dann ist.

11

Hier siehst du die gerundeten Einwohnerzahlen einzelner Länder in einer Tabelle aufgelistet und in einem Bilddiagramm veranschaulicht.

Land	Einwohner in Mio.
China	1274
Brasilien	168
Deutschland	82
USA	275
Indien	998
Indonesien	209

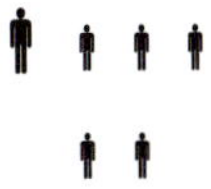

a) Gib an, für welche Zahl  und  jeweils stehen.

b) Ergänze den Rest des Bilddiagramms.

12

Dieses Diagramm soll die Arbeitslosenzahlen in Millionen innerhalb eines Jahres veranschaulichen.

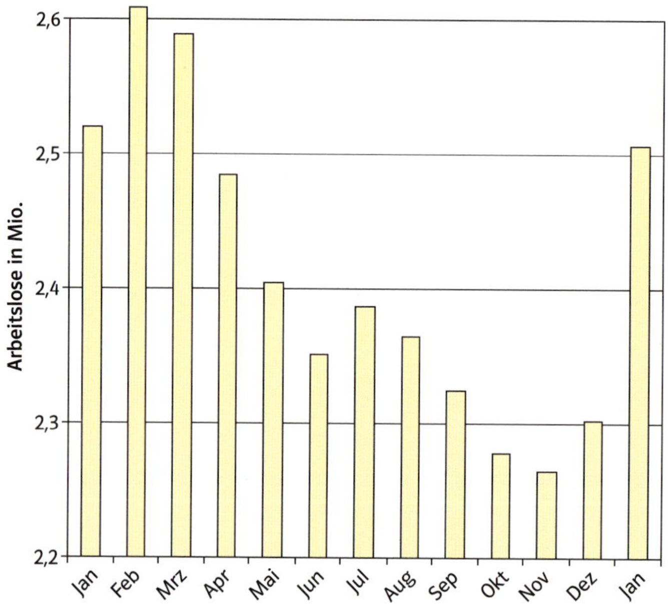

a) Welchen Eindruck vermittelt das Diagramm von der Entwicklung in den letzten 3 Monaten von November bis Januar? Beschreibe.

b) Betrachte das gesamte Diagramm genauer und beschreibe nun die Entwicklung.

13 ★

Wissenschaftler unterhalten sich über die Situation am Arbeitsmarkt.
Wer wird welches Diagramm verwenden und warum? Begründe.

①

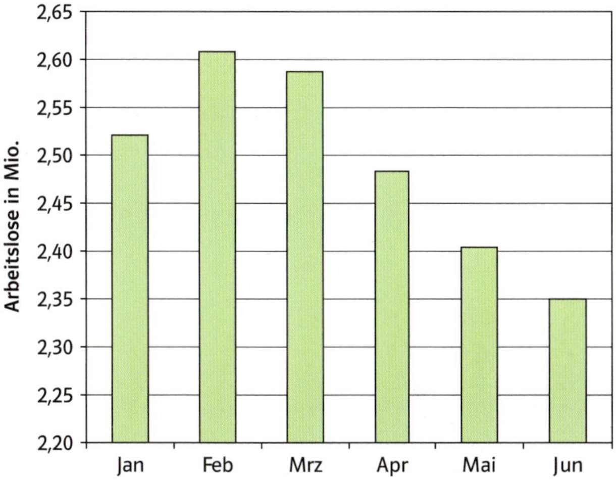

②

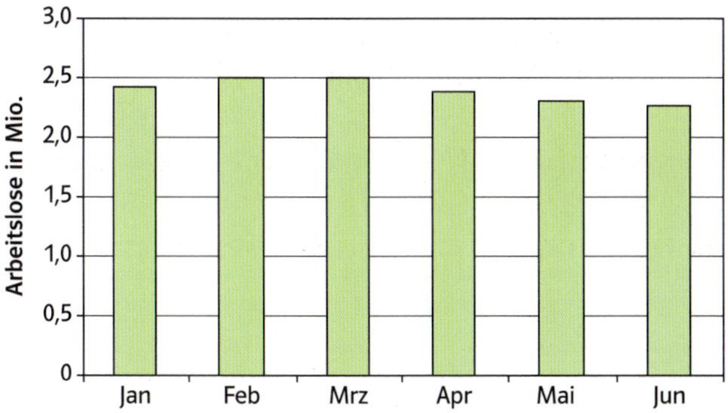

a) Frau Müller analysiert: „In den letzten Monaten ist die Arbeitslosenquote kaum gesunken. Wir haben noch eine riesige Aufgabe bei der Reduzierung der Arbeitslosigkeit vor uns."
b) Herr Maier stellt fest: „Uns ist es in den letzten Monaten durch entsprechende Maßnahmen gelungen, die Arbeitslosigkeit drastisch zu senken."

6.4 Diagramme erstellen

Du hast schon wiederholt, Diagramme richtig zu lesen.
Hier übst du jetzt,

- wie du verschiedene Diagramme erstellen und
- wie du mithilfe von Diagrammen Ordnung in Daten bringen kannst.

WISSEN

So erstellst du ein Kreisdiagramm

*Bei allen Aufgaben kannst du dir viel Rechenarbeit ersparen, wenn du deinen **Taschenrechner** zu Hilfe nimmst.*

Veranschauliche die Lieblingssportarten in einem **Kreisdiagramm**.

Sportart	Fußball	Tischtennis	Basketball	Turnen	Sonstiges
Anzahl	25	12	15	6	2
Anteil	$\frac{5}{12}$	$\frac{1}{5}$	$\frac{1}{4}$	$\frac{1}{10}$	$\frac{1}{30}$
Prozent	≈ 41,7 %	20 %	25 %	10 %	≈ 3,3 %

Für ein Kreisdiagramm musst du die **Winkel** berechnen. Dabei gibt es zwei Möglichkeiten:

Runde jeweils auf ganze Winkel.

1. Hast du **Prozentangaben**, so gilt: 1 % entspricht einem Winkel von $\frac{360°}{100} = 3{,}6°$. Um die passende Winkelgröße zu erhalten, musst du also die Prozentzahl mit 3,6° multiplizieren.
2. Du kannst aber auch mit Anteilen rechnen, indem du den jeweiligen **Anteil** mit 360° multiplizierst.

Beispiel:

Fußball: $41{,}7 \cdot 3{,}6° \approx 150°$

Tischtennis: $20 \cdot 3{,}6° = 72°$

Basketball: $360° \cdot \frac{1}{4} = 90°$

Turnen: $360° \cdot \frac{1}{10} = 36°$

Sonstiges: $360° \cdot \frac{1}{30} = 12°$

So erstellst du jetzt dein Kreisdiagramm:

Zeichne einen Kreis, trage die entsprechenden Winkel ab und beschrifte die Abschnitte.

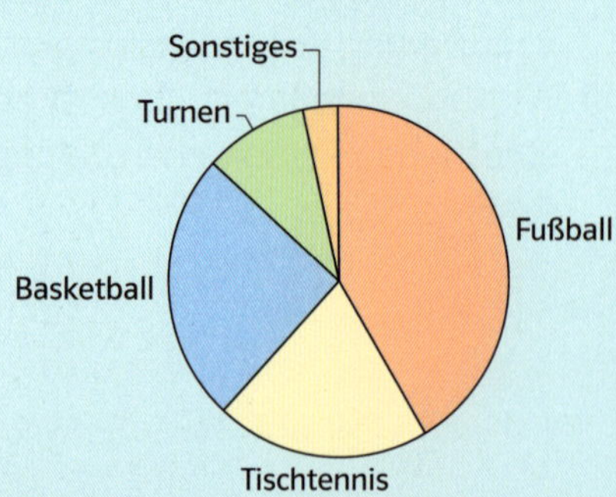

WISSEN

So erstellst du ein Säulendiagramm

Veranschauliche die Lieblingssportarten in einem **Säulendiagramm**.

Sportart	Fußball	Tischtennis	Basketball	Turnen	Sonstiges
Anzahl	25	12	15	6	2
Anteil	$\frac{5}{12}$	$\frac{1}{5}$	$\frac{1}{4}$	$\frac{1}{10}$	$\frac{1}{30}$
Prozent	≈ 41,7 %	20 %	25 %	10 %	≈ 3,3 %

An der **Rechtsachse** stehen die **Daten**.
Auf der **Hochachse** trägst du die **absoluten Häufigkeiten** ab. Dabei entspricht die Länge einer Säule der Größe der Zahl.

Beispiel:
Die Tabellenzeilen Anteil und Prozent werden für ein Säulendiagramm nicht benötigt.

Um einen passenden **Maßstab** zu finden, suchst du zunächst **die größte Zahl**. Dann überlegst du, wie lang die Säule für diese Zahl werden soll. Die anderen Säulen zeichnest du entsprechend ein.
Beschrifte das Diagramm.

Die größte Zahl ist 25. Diese Säule soll 25 Kästchen, also 12,5 cm lang sein.
Alle anderen Säulen sind in Zentimenter halb so lang wie die Anzahl.

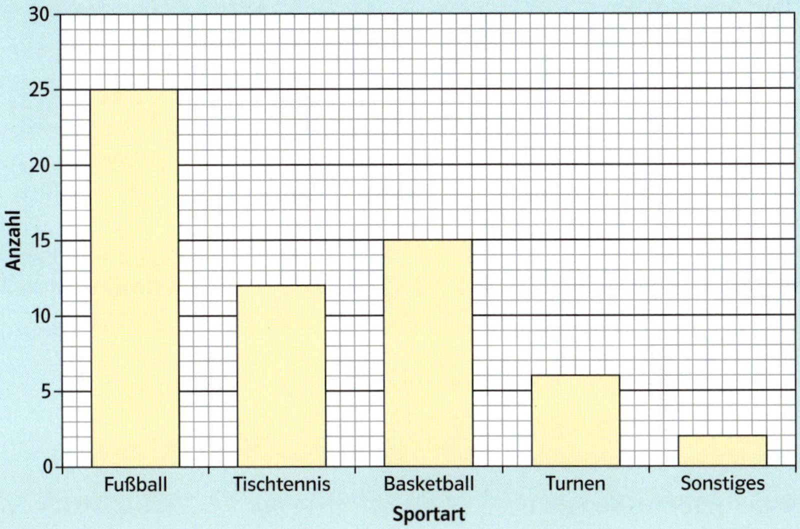

Achtung:
Wenn du die beiden Achsen vertauschst und die Säulen waagrecht zeichnest, erhältst du ein Balkendiagramm.

14

Bei einer Umfrage in der Klasse wurden alle 32 Schülerinnen und Schüler nach ihrem Lieblingshobby gefragt. Doppelnennungen waren nicht möglich. Die Ergebnisse wurden in einer Tabelle aufgeschrieben.

Hobby	Lesen	Computer	Sport	Handy	Sonstiges
Anzahl	6	12	8	5	1
Anteil	$\frac{3}{16}$	$\frac{3}{8}$	$\frac{1}{4}$	$\frac{5}{32}$	$\frac{1}{32}$
Prozent	≈ 18,8%	37,5%	25%	≈ 15,6%	≈ 3,1%

Erstelle ein Kreisdiagramm, das die Ergebnisse veranschaulicht.

15

In der Tabelle stehen die Augensummen, die bei Werfen von zwei Würfeln gewürfelt wurden.

Summe	2	3	4	5	6	7	8	9	10	11	12
Anzahl	11	25	34	48	62	84	59	39	21	15	2

Zeichne ein Säulendiagramm.

16

Veranschauliche die Ergebnisse einer Wahl in einem Kreisdiagramm.

Partei	A	B	C	D	E	F
Erststimmen in %	38,8	38,4	5,4	4,7	8,0	2,7

17*

Veranschauliche die Höhen dieser berühmten Bauwerke in einem Säulendiagramm.

Bauwerk	Höhe in m
Cheops-Pyramide (Kairo, Ägypten)	136
Empire State Building (New York, USA)	381
Petronas Twin Towers (Kuala Lumpur, Malaysia)	452
Eiffelturm (Paris, Frankreich)	302
CN Tower Toronto (Kanada)	553
Ulmer Münster (Deutschland)	161

18

Stelle die chemische Zusammensetzung des Menschen in einem Kreisdiagramm dar.

	Wasser	Eiweiß	Fett	Minerale und sonstige Stoffe
Anteil	60 %	20 %	15 %	5 %

19

Veranschauliche die Höchstgeschwindigkeiten der Tiere und Menschen in einem Säulendiagramm.

Tier	Höchstgeschwindigkeit in km/h
Gepard	110
Falke	350
Rennpferd	90
Schwalbe	216
100-m-Läufer	49
Radrennfahrer	54

20*

In der Tabelle siehst du einen Auszug des Medaillenspiegels von Olympischen Winterspielen.

Platz	Land	Gold	Silber	Bronze	Total
1.	Deutschland	11	12	6	29
2.	Vereinigte Staaten	9	9	7	25
3.	Österreich	9	7	7	23
4.	Russland	8	6	8	22
5.	Kanada	7	10	7	24
6.	Schweden	7	2	5	14
7.	Südkorea	6	3	2	11
8.	Schweiz	5	4	5	14
9.	Italien	5	0	6	11
…					
13.	Norwegen	2	8	9	19

Veranschauliche die Gesamtzahl der Medaillen der Teilnehmerländer in einem Säulendiagramm. Was fällt dir dabei auf? Beschreibe.

6.5 Mittelwerte

Wenn du in der Schule deine Zeugnisnoten ausrechnest, ist nicht die beste oder schlechteste Note interessant, sondern es sollen alle Noten berücksichtigt und durch einen Wert dargestellt werden. Dazu berechnest du den Durchschnitt, auch Mittelwert genannt.
Damit du den Mittelwert von unterschiedlichen Daten bestimmen kannst, übst du hier

- die Berechnung von Mittelwerten,
- Daten mithilfe des Mittelwerts zu interpretieren.

WISSEN

So berechnest du den Mittelwert

Beispiel:
Niklas möchte seine schriftliche Mathe-Note berechnen. Er hat in den Klassenarbeiten eine 2,5, eine 3,5, eine 3 und eine 2 geschrieben.

1. Zähle alle Werte zusammen. $2{,}5 + 3{,}5 + 3 + 2 = 11$
2. Teile diese Summe durch die Anzahl aller Werte. Durchschnittsnote: $11 : 4 = 2{,}75$

Du kannst diese zwei Schritte auch in einem Schritt in Form eines Bruchs durchführen. Addiere dazu die **Werte im Zähler** und schreibe die **Anzahl in den Nenner**.

Oder kürzer:

Durchschnittsnote:

$$\frac{2{,}5 + 3{,}5 + 3 + 2}{4} = \frac{11}{4} = 2{,}75$$

Statt Mittelwert kann man auch **Durchschnittswert** oder **arithmetisches Mittel** sagen.

21

In der Tabelle siehst du eine Aufzeichnung von Temperaturen einer Großstadt.

a) Berechne die durchschnittliche Jahrestemperatur.
b) Zeichne ein Liniendiagramm.

Monat	Temperatur in °C	Monat	Temperatur in °C
Januar	0,5	Juli	18,4
Februar	1,9	August	17,9
März	5,3	September	14,7
April	8,9	Oktober	10,0
Mai	13,3	November	4,7
Juni	16,4	Dezember	1,5

Tipp: Benutze deinen Taschenrechner. Aber Achtung: Wenn du alle Werte addiert hast, musst du erst = drücken, dann darfst du dividieren.

22

Luisa hat ihre Trainingsleistungen in einem Diagramm aufgeschrieben. Bestimme anhand des Diagramms, wie viele km Luisa jeden Tag durchschnittlich geschwommen ist.

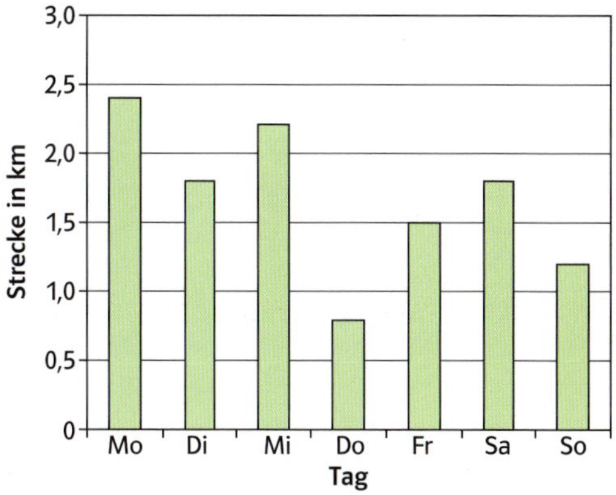

23 ★

Beschreibe, was die folgenden Aussagen nicht bedeuten.

a) Der Schnitt der Mathe-Arbeit war 2,8.
b) Die jährlich Durchschnittstemperatur in Rom beträgt 15,4°.
c) Sigmar Superstar hat durchschnittlich 0,5 Tore pro Spiel geschossen.
d) Der Sieger beim Großen Preis von Deutschland ist auf dem Hockenheimring durchschnittlich 212,63 $\frac{km}{h}$ gefahren.

In diesem Test kannst du zeigen, wie du mit Daten und Diagrammen zurecht kommst. Als Hilfsmittel darfst du deinen **Taschenrechner** benutzen.

1

Bestimme die Kennwerte für diese Urliste.
5 3 3 4 7 1 2 9 3 2 1 4 4 6 6 9 8

Spannweite: ____________________

Zentralwert: ____________________

Punkte: ___ max. 3

Mittelwert: ____________________

2

In der Tabelle siehst du die Aufzeichnungen der Niederschlagsmenge in einer süddeutschen Stadt.

Monat	Niederschlagsmenge in mm
Januar	38
Februar	35
März	39
April	54
Mai	84
Juni	93
Juli	63
August	76
September	53
Oktober	41
November	48
Dezember	41

Punkte: ___ max. 3

a) Berechne die jährliche Niederschlagsmenge der Stadt.
b) Zeichne ein Säulendiagramm.

3

Bei der Schülersprecherwahl haben 380 Schülerinnen und Schüler teilgenommen. Das Ergebnis soll ausgewertet werden.

Name	Stimmenzahl	Anteil	Prozent
Caroline	152		
Daniel			30 %
Romy		$\frac{1}{5}$	
Milena			

a) Berechne die fehlenden Felder der Tabelle.
b) Zeichne ein Kreisdiagramm.

Punkte: ___ *max. 5*

4

Nüsse enthalten viele Nährstoffe. Stelle die Nährstoffzusammensetzung der Nüsse in Kreisdiagrammen dar und vergleiche.

Walnüsse	
Eiweiß	15 %
Fett	63 %
Kohlenhydrate	14 %
Sonstiges	8 %

Haselnüsse	
Eiweiß	17 %
Fett	62 %
Kohlenhydrate	7 %
Sonstiges	14 %

geröstete Erdnüsse	
Eiweiß	27 %
Fett	47 %
Kohlenhydrate	19 %
Sonstiges	7 %

Macadamianüsse	
Eiweiß	8 %
Fett	75 %
Kohlenhydrate	0 %
Sonstiges	17 %

Punkte: ___ *max. 4*

5

Die Schülermitverwaltung möchte den Besuch der Schuldisco auswerten. Sie hat die Daten in einer Tabelle und einem Säulendiagramm veranschaulicht.

Uhrzeit	18 Uhr	19 Uhr	20 Uhr	21 Uhr
Besucher	62	75	54	121

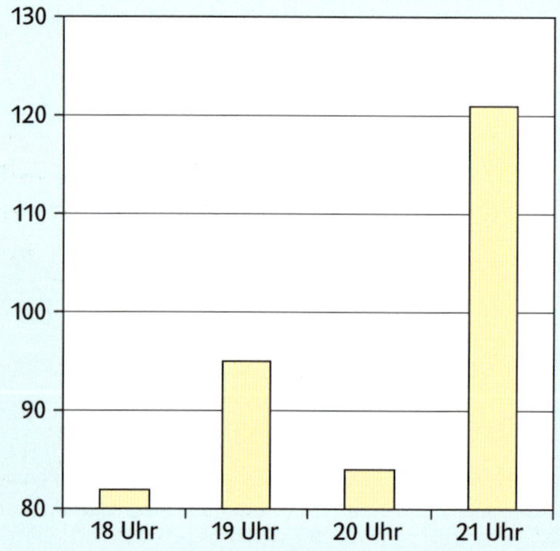

a) Beschreibe, welchen Eindruck das Diagramm vermittelt.
b) In der Schülerzeitung erscheint ein Bericht über die letzte Schuldisco. Nimm Stellung zu den dort gemachten Aussagen.

> **Disco platzt aus allen Nähten!**
>
> ... Gegen Ende waren fast fünfmal so viel Besucher in der Disco als noch zu Beginn. Deshalb stellt die SMV den Antrag, die Öffnungszeiten der Disco zu verlängern.

Punkte: ___ max. 3

Gesamtpunkte: ___ max. 18

Super! Du hast das **Kapitel 6 – Daten erfassen, darstellen und interpretieren** durchgearbeitet. Anschließend hast du die Testaufgaben gelöst und deine Punkte zusammengezählt.

In der Checkliste kannst du nun alle Testaufgaben abhaken, in denen du besonders gut abgeschnitten hast. Wenn du bei einigen Aufgaben noch nicht die volle Punktzahl erreicht hast, wiederhole einfach die Übungen, die in der letzten Spalte der Tabelle angegeben sind.

Meine Checkliste

Testaufgabe	Thema	Konnte ich gut lösen	Ich hatte Fehler und wiederhole deshalb die Übungen
1	Statistiken auswerten Mittelwerte		4 – 7 21 – 23
2	Säulendiagramme erstellen		14 – 20
3	Anteile und Häufigkeiten		1 – 3
4	Kreisdiagramme erstellen		14 – 20
5	Diagramme lesen		8 – 13

7 Abhängigkeiten zwischen Größen

7.1 Abhängigkeiten beschreiben

In vielen Alltagssituationen findest du Zusammenhänge zwischen Größen wie beispielsweise die Zuordnungen Gewicht - Preis bei Obst, Strecke - Geschwindigkeit beim Rennsport oder Tag - Temperatur beim Wetter. Solche Zuordnungen lassen sich in Schaubildern (Graphen) darstellen. Hier übst du

- wie du solche Zuordnungen veranschaulichen kannst und
- wie du Schaubilder von Zuordnungen lesen und deuten kannst.

WISSEN

So liest du Schaubilder von Zuordnungen (Graphen)

Graph kommt aus dem Griechischen und bedeutet Schrift, Zeichnung.

1. Die Beschriftung der Achsen sagt dir, worum es geht. Der Größe der Rechtsachse (x-Achse) wird die Größe der Hochachse (y-Achse) zugeordnet.

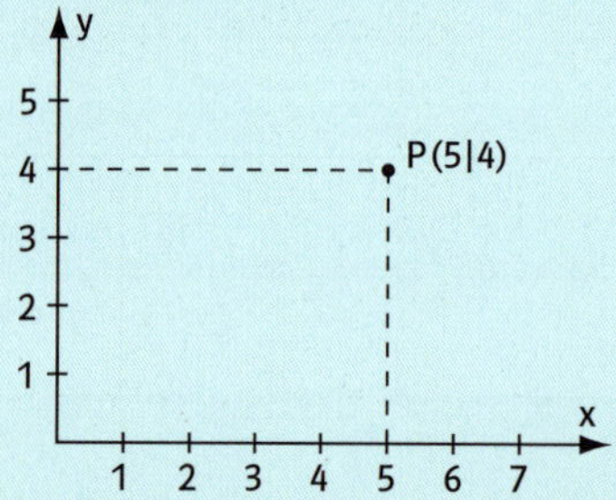

2. Jeder Punkt des Schaubildes besteht aus zwei zusammengehörenden Werten, dem sogenannten **Wertepaar**.

Oft sind bei der Beschreibung von Schaubildern nicht einzelne Wertepaare interessant, sondern es soll der **Gesamtverlauf beschrieben** werden.
Damit du dir folgendes **Vokabular** gut einprägen kannst, kannst du dir einen Graphen wie eine Strecke vorstellen, die du ablaufen musst.

WISSEN

So kannst du den Gesamtverlauf eines Schaubildes beschreiben

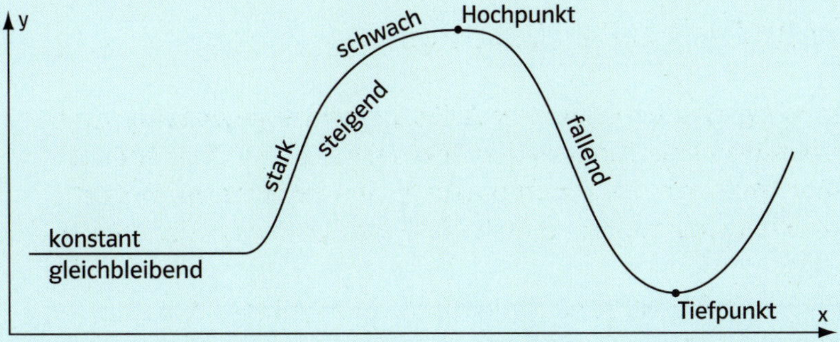

Beispiel für eine Aufgabenstellung:
Um sich eine Vorstellung von der Tour-de-France machen zu können, werden die einzelnen Etappen in einem Streckenprofil veranschaulicht. Beschreibe die Etappe von Grenoble auf den Courchevel.

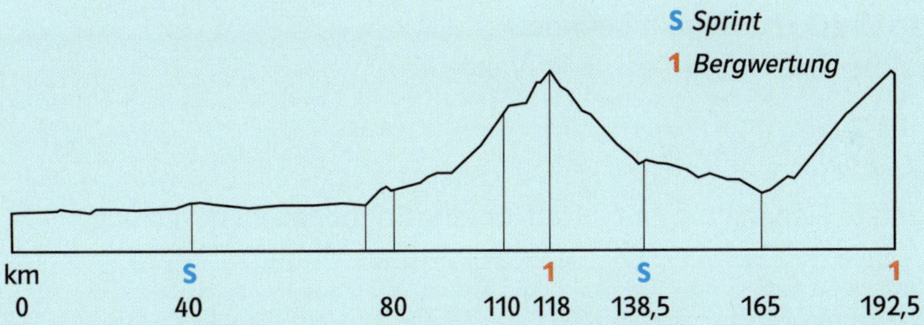

Lösungsmöglichkeit:
Start dieser Etappe ist Grenoble. Zu Beginn ist die Strecke relativ flach. Nach 40 km folgt die erste Sprintwertung. Bei Kilometer 80 etwa beginnt der steile Anstieg zur ersten Bergwertung der 1. Kategorie bei 118 km. Es folgt die Abfahrt und eine Sprintwertung nach 138,5 km. Danach geht es leicht bergab, bis nach ca. 165 km der letzte steile Anstieg beginnt. Das Ziel befindet sich nach 192,5 km auf dem Gipfel des Courchevel.

1

Dieses Schaubild zeigt die Geschwindigkeit eines Rennwagens während einer Runde auf einer ebenen Rennstrecke.

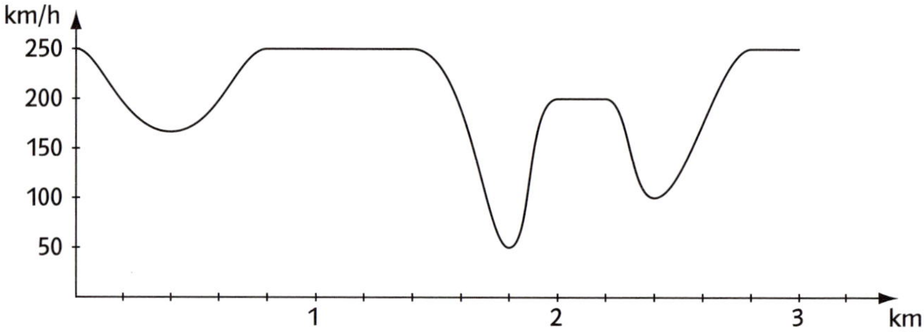

a) Gib an, wie lang die Rennstrecke etwa ist.
b) Gib an, wo die geringste Geschwindigkeit gemessen wurde.
c) Was kannst du über die Geschwindigkeit des Rennwagens zwischen 2,2 km und 2,4 km sagen? Beschreibe.
d) Gib an, zwischen welchen Kilometerangaben sich der längste gradlinige Streckenabschnitt befindet.
e) Skizziere einen Rundkurs der Rennstrecke.

2

Die folgende Fieberkurve ist typisch für eine Salmonellenerkrankung.

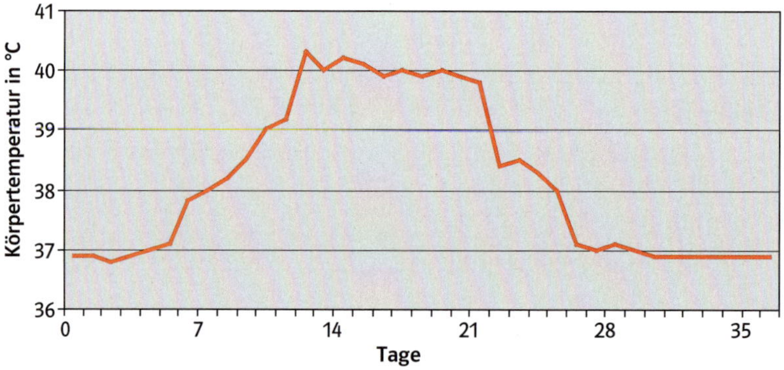

Tipp:
Achte auf konstante Temperatur und markante Temperaturanstiege und -senkungen.

Beschreibe den Verlauf der Erkrankung.

3

Der **D**eutsche **A**ktienindeX (DAX) spiegelt die Wertentwicklung der 30 größten deutschen börsennotierten Aktiengesellschaften wieder. Er wird in Punkten angegeben.
Beschreibe die hier dargestellte Entwicklung des DAX in den Monaten Januar bis März.

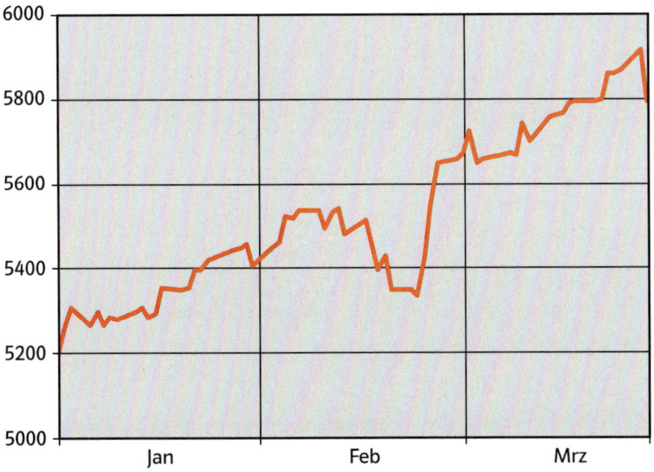

4★

In dem Schaubild ist der Temperaturverlauf in Rom dargestellt.

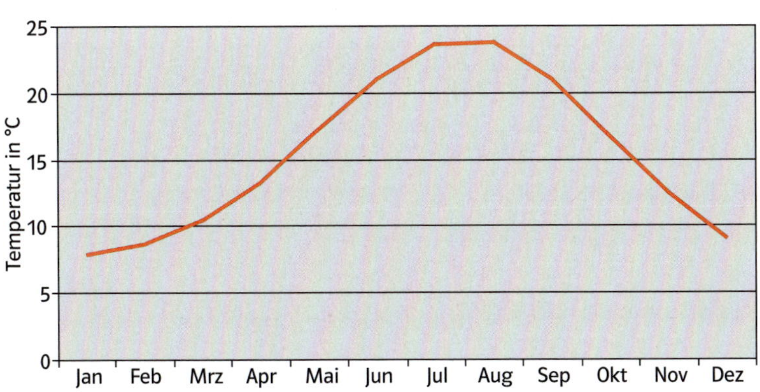

a) Beschreibe den Temperaturverlauf.
b) Berechne die durchschnittliche Jahrestemperatur von Rom.

7.2 Abhängigkeiten in Schaubildern darstellen

Du kannst schon Schaubilder lesen und interpretieren.
Hier übst du, Zusammenhänge zwischen Größen in Schaubildern darzustellen.

WISSEN

So kannst du Graphen zeichnen

Beispiel:
Fabian hat eine Woche lang jeden Morgen die Außentemperatur gemessen und in eine Tabelle eingetragen. Zeichne ein Schaubild.

Mo	Di	Mi	Do	Fr	Sa	So
7°	9°	10°	8°	6°	5°	4°

1. Überlege, welche Größe von einer anderen Größe abhängt. Diese Größe musst du an der y-Achse (Hochachse) abtragen.
2. Lege den Maßstab fest, mit dem du die Größen auf den Achsen abträgst.
3. Trage die Wertepaare aus der Tabelle in das Schaubild ein und verbinde die Punkte miteinander.

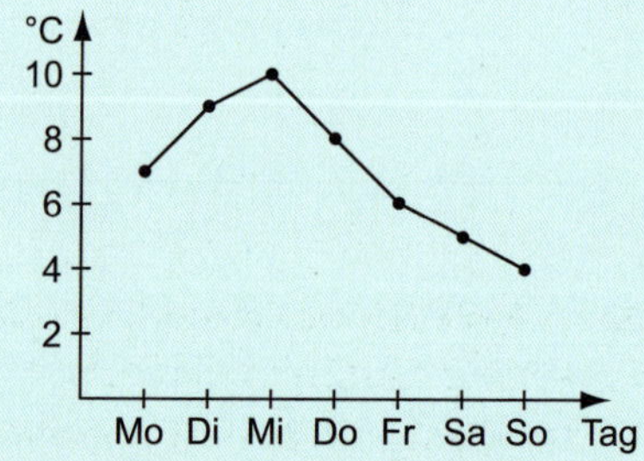

Schwieriger wird es, wenn keine Werte gegeben sind und du anhand eines Textes ein Schaubild zeichnen sollst. Dann musst du versuchen, mit den Begriffen aus dem Text die Abhängigkeiten darzustellen.

Beispiel für eine Textaufgabe:
Lea beschreibt ihre 8-tägige Radtour so: „Die ersten zwei Tage kamen wir immer schneller voran. Dann haben wir uns verfahren und mussten ein kleines Stück zurück. Ab dem vierten Tag wurden wir immer langsamer, bis wir am 5. Tag eine Pause einlegten. Von da an fuhren wir den Rest der Strecke gleichmäßig, bis wir unser Ziel erreichten."

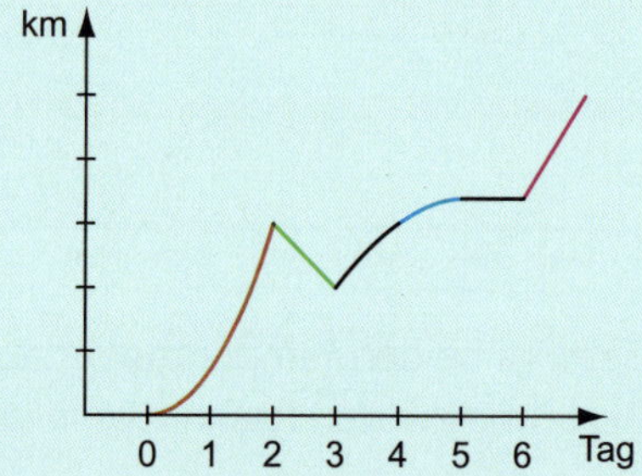

5

In der Tabelle siehst du die monatlichen Durchschnittstemperaturen von Sydney, Australien.

a) Trage die Temperaturen in ein Schaubild ein. Wähle dafür eine geeignete Achseneinteilung.

b) Berechne die durchschnittliche Jahrestemperatur und zeichne sie als farbige Linie in das Schaubild ein.

Monat	Temperatur in °C	Monat	Temperatur in °C
Januar	22,8	Juli	12,0
Februar	22,8	August	13,2
März	21,5	September	15,4
April	18,6	Oktober	17,9
Mai	15,9	November	19,8
Juni	12,9	Dezember	22,1

6

Eine Firma beschreibt den Jahresabsatz ihre Produkte folgendermaßen: „In den ersten drei Monaten nahm die Zahl der verkauften Produkte stetig zu. Von April bis Juni ging der Absatz leicht zurück. In den Sommermonaten nahm der Absatz erstaunlicherweise immer schneller zu, bis er im September seinen Höhepunkt erreichte. In den letzten drei Monaten nahm der Absatz dann wieder gleichmäßig ab."

Stelle den Verlauf des Absatzes in einem Schaubild zeichnerisch dar.

7.3 Der Dreisatz bei proportionaler Zuordnung

Im Alltag kommt es oft vor, dass sich zwei Größen gleichartig (proportional zueinander) verhalten. Dann gehört z. B. zum Doppelten der einen Größe auch das Doppelte der anderen Größe. Solche Zuordnungsaufgaben kannst du mit dem Je-mehr-desto-mehr-Dreisatz lösen.
Hier übst du,

- wie du mithilfe des Je-mehr-desto-mehr-Dreisatzes Größen berechnest,
- wann du den Je-mehr-desto-mehr-Dreisatz nicht anwenden kannst.

WISSEN

Was sind zueinander proportionale Größen?

Zwei Größen sind zueinander **proportional**, wenn gilt:

Achtung: „Je mehr … desto mehr …" bedeutet auch „je weniger … desto weniger …".

1. Nimmt die **erste Größe** zu, dann nimmt auch die **zugeordnete Größe** zu, kurz wenn gilt: Je mehr … desto mehr …
2. Zum Doppelten, Dreifachen, Vierfachen, … der ersten Größe gehört das Doppelte, Dreifache, Vierfache, … der zugeordneten Größe.

Beispiel:
Lara will Waffeln backen und wiegt Mehl ab.

		· 2	· 3	
Waffeln	4	8	12	· 12,5
Mehl	50 g	100 g	150 g	
		· 2	· 3	

So wendest du den Je-mehr-desto-mehr-Dreisatz an

Der Begriff „Dreisatz" kommt daher, dass du die Lösung der Aufgabe in drei Sätzen aufschreiben kannst.

1. Überprüfe, ob die Größen zueinander proportional sind. Schreibe in die **erste** Zeile die gegebenen Größen.
2. Lass die zweite Zeile zunächst frei und schreibe in die **dritte** Zeile die dritte bekannte Größe, zu der ein zugeordneter Wert gesucht ist.
3. Schreibe in die noch leere **zweite** Zeile einen passenden Zwischenwert und berechne die fehlenden Größen proportional.

Beispiel:
3 kg Äpfel kosten **3,99 €**.
Wie viel kosten **5 kg**?
Der Dreisatz ist anwendbar, da doppelt so viele Äpfel auch doppelt so viel kosten.

		Gewicht	Preis	
1. Zeile		**3 kg**	**3,99 €**	
2. Zeile	: 3	1 kg	1,33 €	: 3
3. Zeile	· 5	**5 kg**	6,65 €	· 5

5 kg Äpfel kosten 6,65 €.

7

Bei welchen Aufgaben darfst du den Dreisatz anwenden? Begründe.

a) Fabiana ist 12 Jahre alt und 1,54 m groß. Wie groß war sie mit 6 Jahren?

b) Die Klasse 6a fährt ins Schullandheim in die Schweiz. Jeder Schüler soll ein Taschengeld von ungefähr 50 € in Schweizer Franken umtauschen. Der Wechselkurs ist 100 € = 109 CHF.

c) Ein Ei ist nach etwa 5 min weich gekocht. Wie lange brauchen 5 Eier?

8

Herr Maier hat seinen Spritverbrauch gemessen. Für 620 km hat er etwa 53 l gebraucht.

a) Berechne, wie viel Benzin er durchschnittlich auf 100 km verbraucht.

b) Wie weit kommt er mit 30 l? Berechne.

9

In Deutschland lebten Ende 2019 ungefähr 83,2 Millionen Einwohner. Wenn sich 15 Menschen hintereinander aufstellen und an den Händen halten, ergibt sich durchschnittlich eine Kette von 20 m Länge. Wie lang wäre eine Menschenkette mit allen Einwohnern Deutschlands? Berechne mit dem Taschenrechner.

10

Frau Glücklich hat gemessen, dass sie mit ihrem Auto für 10 km durchschnittlich 15 min benötigt.

a) Berechne, wie lange sie für 45 km braucht.

b) Wie weit kommt sie in 1 h 20 min? Berechne.

c) Beschreibe, unter welcher Annahme deine Berechnung stimmt.

11

Vergleiche die Preise für die verschiedenen Packungen Chips.
250 g kosten 1,29 €.
400 g kosten 1,98 €.
750 g Partypackung kosten 3,89 €.

7.4 Der Dreisatz bei antiproportionaler Zuordnung

Häufig verhalten sich Größen gegensinnig (antiproportional), denn z. B. verrichten mehr Leute dieselbe Arbeit in weniger Zeit. Dann gehört zum Doppelten der einen Größe die Hälfte der anderen Größe.
Jetzt wiederholst du,

- wie du mithilfe des Je-mehr-desto-weniger-Dreisatzes antiproportionale Größen berechnest,
- wann du den Je-mehr-desto-weniger-Dreisatz nicht anwenden kannst.

WISSEN

Was sind zueinander antiproportionale Größen?

Zwei Größen sind zueinander **antiproportional**, wenn gilt:

1. Nimmt die **erste Größe zu**, dann **nimmt die zugeordnete Größe ab**, kurz wenn gilt: Je mehr … desto weniger ….
2. Zum Doppelten, Dreifachen, Vierfachen, … der ersten Größe gehört die Hälfte, ein Drittel, Viertel, … der zugeordneten Größe.

Beispiel:
Die Theater-AG möchte 200 Werbezettel für ihre Aufführung verteilen.

Kinder	1	2	4
Zettel je Kind	200	100	50

(Kinder: · 2, · 4; Zettel je Kind: : 2, : 4)

So wendest du den Je-mehr-desto-weniger-Dreisatz an

Achtung: „Je mehr … desto weniger …" bedeutet auch „je weniger … desto mehr …".

1. Überprüfe, ob die Größen zueinander **antiproportional** sind. Schreibe in die **erste** Zeile die gegebenen Größen.
2. Lass die zweite Zeile zunächst frei und schreibe in die **dritte** Zeile die dritte bekannte Größe, zu der ein zugeordneter Wert gesucht ist.
3. Schreibe in die noch leere **zweite** Zeile einen passenden Zwischenwert und berechne die fehlenden Größen antiproportional.

Beispiel:
Fünf Bagger benötigen für das Ausheben einer Grube **vier** Tage. Wie lange benötigen **acht** Bagger?
Der Dreisatz ist anwendbar, da mehr Bagger weniger Zeit brauchen.

	Bagger	Zeit
1. Zeile	**5**	**4 Tage**
2. Zeile	1	20 Tage
3. Zeile	**8**	2,5 Tage

(Bagger: : 5, · 8; Zeit: · 5, : 8)

Acht Bagger benötigen nur $2\frac{1}{2}$ Tage.

12

Nach der Schuldisco muss die Schülermitverwaltung aufräumen.
Die Schülersprecherin schätzt, dass fünf Schüler dafür etwa zwei Stunden bräuchten. Es kommen aber nur vier Helfer.
Berechne, wie lange sie voraussichtlich für die Aufräumarbeiten brauchen.

13

Im Pferdestall reicht das Futter für 30 Pferde 20 Tage.

a) Berechne, wie lange das Futter für 40 Pferde reicht.
b) Für wie viele Pferde reicht das Futter 25 Tage? Berechne.

14

Die Klasse 6b möchte eine Schullandheimzeitung erstellen. Wenn eine getippte Seite 40 Zeilen erhält, würde die Zeitung aus 36 Seiten bestehen.

a) Berechne, wie viele Seiten die Zeitung erhält, wenn auch jede Seite nur 36 Zeilen passen.
b) Wie viele Zeilen müssen auf eine Seite passen, wenn die Zeitung nur 32 Seiten haben soll? Berechne.

15

Familie Fit hat sich eine Wandertour ausgesucht und berechnet, dass sie nach sechs Tagen am Ziel sind, wenn sie täglich 25 km wandern.

a) Berechne, wie lange sie brauchen, wenn sie jeden Tag durchschnittlich 30 km wandern.
b) Berechne, wann sie am Ziel wären, wenn sie nur durchschnittlich 20 km täglich schaffen.
c) Wie viele km müssten sie täglich laufen, wenn sie schon nach vier Tagen am Ziel sein wollen? Berechne.

16

Vier Bagger brauchen zum Ausheben einer Grube $7\frac{1}{2}$ Tage.

a) Berechne, wie lange drei Bagger brauchen würden.
b) Wie viele Bagger braucht ein Bauunternehmer, wenn er in fünf Tagen mit der Arbeit fertig sein möchte? Berechne.

7.5 Gleichungen

Du kannst schon Abhängigkeiten zwischen Größen mit Tabellen und Graphen darstellen. Meistens kannst du solche Zuordnungen auch mit Worten oder Rechenvorschriften (Gleichungen) beschreiben.
In diesem Abschnitt übst du
- Gleichungen zu lösen,
- Abhängigkeiten von Größen zu erkennen und zu beschreiben.

WISSEN

Was ist eine Gleichung?

Eine Gleichung besteht aus zwei Rechenausdrücken, die durch ein Gleichheitszeichen verbunden sind. Eine Gleichung erhältst du auch, wenn du einem Rechenausdruck mit einer Variablen einen bestimmten Wert mit „=" zuweist. Die Zahl x, für die der Rechenausdruck den vorgegebenen Wert annimmt, heißt Lösung der Gleichung.

So kannst du eine Gleichung lösen

Rückwärts rechnen: *aus + wird – und umgekehrt, aus · wird : und umgekehrt*

Eine Gleichung lösen heißt, alle Zahlen zu finden, für die die Gleichung eine wahre Aussage enthält. Du kannst jederzeit versuchen, eine Gleichung durch Probieren zu lösen. Geschickter und meist schneller geht es jedoch, wenn du rückwärts rechnest.

Beispiele:

a) Überprüfe, ob 2 eine Lösung der Gleichung $3x + 4 = 10$ ist.
Lösung:
Setze an Stelle der Variablen x die Zahl 2 ein und berechne den Rechenausdruck mit der Variablen. Vergleiche anschließend mit der anderen Seite der Gleichung.
Rechnung: $3 \cdot 2 + 4 = 6 + 4 = 10$ ✓
Also ist 2 eine Lösung der Gleichung $3x + 4 = 10$.

Tipp: *$5x = 5 \cdot x$*

b) Löse die Gleichung $5x - 2 = 13$.
Lösung:
Umkehrrechnung: $5x = 13 + 2$
$5x = 15$
$x = 15 : 5$, also $x = 3$.
3 ist also Lösung der Gleichung.
Einsetzen: $5 \cdot 3 = 13 + 2$
$15 = 15$ ✓

17

Überprüfe durch Einsetzen, ob die jeweils angegebene Zahl Lösung der Gleichung ist.

a) $37 + x = 65$; $x = 38$
b) $y - 132 = 346$; $y = 483$
c) $25 \cdot x = 175$; $x = 7$
d) $a \cdot 17 = 134$; $a = 8$
e) $4u + 12 = 52$; $u = 9$
f) $6v - 4 = 5v$; $v = 4$

18

Löse die Gleichungen. Du kannst probieren oder systematisch durch Umkehrrechnungen vorgehen.

a) $24x = 576$
b) $272 = 17x$
c) $9x + 21 = 102$
d) $30 + 12x = 90$
e) $8x - 34 = 22$
f) $65 - 7x = 2$
g) $8x = 3x + 15$
h) $5x - 2 = x$

19

Welche Gleichungen besitzen dieselbe Lösung? Verbinde.

① $3x - 4 = 14$
② $1{,}5x - 2{,}5 = 5$
③ $0{,}5x - 1 = 1$
④ $5 - 3{,}5x = -9$
⑤ $33 = 5x + 3$
⑥ $-30 = -5x - 5$

Gleichungen sollen dir helfen, Aufgaben systematisch zu lösen. Es geht oft auch ohne sie, aber wenn du sie beherrschst, kannst du dir oft viel Zeit und Rechenaufwand sparen. Das Aufstellen von Gleichungen erfordert etwas Geschick, aber das kannst du üben.

WISSEN

So kannst du eine Gleichung aufstellen

Beispiel:
Lena aus der 10. Klasse hat einen Ferienjob beim Hausmeister ihrer Schule ergattert. Sie bekommt für jeden Ferientag, an dem sie arbeitet, pauschal 4 €. Zusätzlich bekommt sie pro Arbeitsstunde nochmal 1,50 €. Die Schule möchte vielen Schülerinnen und Schülern die Gelegenheit geben, etwas Geld zu verdienen und hat festgelegt, dass jeder nicht mehr als 10 € pro Tag verdienen darf. Wie viele Stunden darf sie also pro Tag arbeiten?

Tipp: Formuliere die Problemstellung erst in eigenen Worten.

1. Lege eine Variable für die gesuchte Größe fest.
   x: Arbeitsstunden
2. Übersetze die Problemstellung in einen mathematischen Rechenausdruck.
   Pro Tag bekommt sie 4 €, zusätzlich dann pro Stunde 1,50 €, also
   $4\,€ + 1{,}50\,€ \cdot x$
3. Stelle eine Gleichung auf.
   Pro Tag darf sie nicht mehr als 10 € verdienen: $10\,€ = 4\,€ + 1{,}50\,€ \cdot x$
4. Löse die Gleichung. Das geht am besten durch Umkehrrechnen.
   Da alle Größen die gleiche Einheit haben, kannst du die Einheiten zum Rechnen weglassen.
   $10 - 4 = 1{,}5 \cdot x$
   $6 = 1{,}5 \cdot x$ | aus · wird :
   $6 : 1{,}5 = x$,
   $\mathbf{x = 4}$
5. Zur Probe solltest du die Lösung in den Term einsetzen.
   Probe:
   $4\,€ + 1{,}50\,€ \cdot 4 = 10\,€$, das ist der Höchstbetrag, den sie pro Tag verdienen darf, die Rechnung stimmt also.
6. Formuliere einen Antwortsatz.
   Lena sollte also nicht mehr als 4 Stunden arbeiten.

WISSEN

Beispiel für eine typische Aufgabe:

Lösungsmöglichkeit:

1. Lege für die gedachte Zahl eine Variable fest. — x: gedachte Zahl
2. Übersetze das Zahlenrätsel in einen mathematischen Rechenausdruck. — $x \cdot 2 + 15 - 3$
3. Stelle mit dem Ergebnis eine Gleichung auf. — $x \cdot 2 + 15 - 3 = 88$
4. Löse die Gleichung. Das geht am besten durch Umkehr- oder Rückwärtsrechnen.

$$x \cdot 2 + \underbrace{15 - 3} = 88$$
$$x \cdot 2 + 12 = 88$$
$$x \cdot 2 = 88 - 12$$
$$x \cdot 2 = 76$$
$$x = 76 : 2, \text{ also}$$
$$\mathbf{x = 38}$$

5. Zur Probe solltest du die Lösung in den Term einsetzen. — $38 \cdot 2 + 15 - 3 = 88$ ✓
6. Formuliere einen Antwortsatz. — Die gedachte Zahl war 38.

Zum Einstieg in das Aufstellen und Lösen von Gleichungen findest du hier eine Seite voller Zahlenrätsel zum Üben. Du musst sie nicht unbedingt mit Gleichungen lösen. Die Gleichungen sind ein mögliches Hilfsmittel.

20

Ich denke mir eine Zahl. Wenn ich sie mit 6 multipliziere und 8 addiere, erhalte ich 80.

21

Ich denke mir eine Zahl. Wenn ich vom Achtfachen der Zahl 13 subtrahiere, erhalte ich 59.

22

Ich denke mir eine Zahl. Wenn ich zum Dreifachen der Zahl 7 addiere, erhalte ich 31.

23

Ich denke mir eine gerade Zahl. Wenn ich die Zahl halbiere und dann 23 addiere, erhalte ich 30.

24

Ich denke mir eine Zahl. Wenn ich die Zahl mit 2 multipliziere, dann 8 addiere und schließlich das Ergebnis durch 2 dividiere, dann erhalte ich 7.

25 ★

Ich denke mir eine Zahl. Wenn ich zu dieser Zahl ihren Nachfolger addiere, erhalte ich 21.

26 ★

Ich denke mir eine Zahl. Wenn ich zu dieser Zahl den Vorgänger und Nachfolger addiere und dann 5 subtrahiere, dann erhalte ich 13.

27 ★

Ich denke mir eine Zahl. Wenn ich vom 5-fachen der Zahl 8 subtrahiere, erhalte ich das 3-fache der Zahl.

Nachdem du das Aufstellen und Lösen von Gleichungen an Zahlenrätseln üben konntest, findest du hier Aufgaben aus ganz unterschiedlichen Bereichen, die du mit Gleichungen lösen kannst. Wenn du deine Gedanken ordentlich aufschreibst und die richtige Lösung ohne Gleichungen findest, ist das genauso gut.

28

Eine Taxifahrt kostet 2,40 € Grundtarif und für jeden gefahrenen Kilometer 1,50 €.

a) Bestimme, wie teuer eine Taxifahrt über 25 km wird.

b) Herr Sparsam hat noch 30 €. Berechne, wie weit er mit dem Taxi fahren kann.

29

Eric hat 8 m Zaun und möchte für seine Meerschweinchen ein rechteckiges Freiluftgehege bauen. Eine Seite soll 1 m lang sein.

a) Bestimme, wie lang die andere Seite des Geheges ist.

b) Eric möchte seinen Meerschweinchen bei gleicher Zaunlänge noch mehr Platz geben. Welche Seitenlängen soll er wählen? Begründe.

30

Elisa und Lukas sind zusammen 26 Jahre alt. Elisa ist zwei Jahre älter als Lukas. Bestimme, wie alt Elisa und Lukas sind.

31

Jonas verteilt 62 Gummibärchen. Jasmin erhält doppelt so viele wie Max und Linda sechs weniger als Max. Gib an, wie viele Gummibärchen jeder bekommt.

32

Marina erzählt ihrer Freundin von der Klassensprecherwahl. „Es waren alle 31 Schüler da. Am Schluss hatte Mario acht Stimmen mehr als Nathalie und Nathalie bekam zwei Stimmen weniger als Inga."
Bestimme, wie viele Stimmen jeder bekam.

Tipp:
Wähle x für die Anzahl der Stimmen für Mario.

7.6 Umfang des Kreises

Den Umfang von Rechtecken kannst du schon berechnen. Hier übst du den Umfang eines Kreises zu berechnen.

WISSEN

Was ist π?

Merke: Ein Verhältnis kann als Bruch geschrieben werden, also gilt: $\pi = \frac{U}{d}$

π (*sprich:* „pi") wird auch **Kreiszahl** genannt. Sie beschreibt das Verhältnis des Umfangs eines Kreises zu seinem Durchmesser und ist bei allen Kreisen, unabhängig von deren Größe, gleich.
π ist eine besondere Zahl, denn Mathematiker haben herausgefunden, dass π eine unendliche und nicht periodische Dezimalzahl ist.
Der Näherungswert beträgt $\boldsymbol{\pi \approx 3{,}14}$ (letzte Ziffer abgerundet).
Dein Taschenrechner hat einen genaueren Wert gespeichert. Musst du ohne Taschenrechner auskommen, kannst du mit dem Näherungswert $\pi \approx 3$ rechnen.

Mit dieser Formel kannst du den Umfang eines Kreises berechnen

Für den Umfang eines Kreises gilt:

$$\mathbf{U = \pi \cdot d = \pi \cdot 2r = 2\pi r}$$

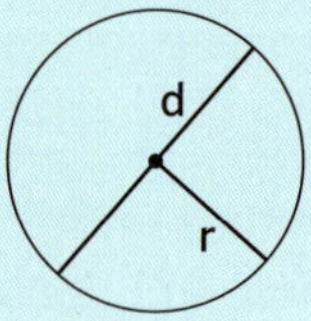

Ist der **Umfang** gegeben, kannst du den Durchmesser berechnen.

Für den Radius gilt: $r = \frac{U}{2\pi}$

Für den Durchmesser gilt:

$$\mathbf{d = \frac{U}{\pi} = U : \pi}$$

Beispiele:

a) Der Mittelkreis eines Fußballfeldes hat den Radius $r = 9{,}144\,\text{m}$ (= 30 feet). Berechne seinen Umfang.
Lösung:
Setze $r = 9{,}144\,\text{m}$ in die Formel $U = \pi \cdot 2r$ ein.
$U = \pi \cdot 2 \cdot 9{,}144\,\text{m} \approx 57{,}54\,\text{m}$

b) Der Äquator der Erde ist 40 076,6 km lang. Berechne den Erddurchmesser.
Lösung:
Setze $U = 40\,076{,}6\,\text{km}$ in die Formel $d = \frac{U}{\pi} = U : \pi$ ein.
$d = 40\,076{,}6\,\text{km} : \pi \approx 12\,756\,\text{km}$

33

Berechne den Umfang eines Kreises mit

a) $r = 2\,cm$ b) $d = 8\,cm$ c) $r = \frac{1}{3}\,m$ d) $d = 0{,}5\,dm$.

34

Berechne Radius und Durchmesser eines Kreises mit

a) $U = 10\,cm$ b) $U = 72{,}5\,cm$ c) $U = 1{,}5\,m$ d) $U = \frac{1}{20}\,km$.

35

Es lebe der Sport!

a) Ein Fußball hat einen Radius von 10,8 cm. Berechne seinen Umfang.

b) Ein Basketball hat einen Umfang von 750 mm. Berechne seinen Radius.

c) Ein Handball hat einen Umfang von 5,8 dm. Berechne d.

36 *

Wie verändert sich

a) der Umfang eines Kreises, wenn der Radius halbiert wird?

b) der Durchmesser, wenn der Umfang verdoppelt wird?

Begründe.

37

Berechne den Umfang der Kreisfiguren und ordne der Größe nach.

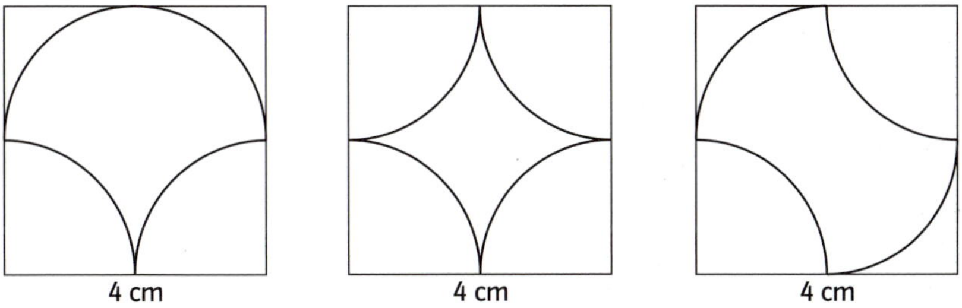

38 *

a) Miss mit einer Schnur den Umfang eines Balls. Jetzt gibst du zu dem Umfang 10 cm dazu. Passt noch eine Ameise zwischen Schnur und Ball durch? Begründe.

b) Die Erde hat einen Umfang von etwa 40 000 km. Nimm an, du könntest eine Schnur um die Erde legen und wie bei dem Ball aus Teilaufgabe a) verlängerst du diesen Umfang um 10 cm. Passt jetzt noch eine Ameise zwischen Erde und Schnur? Begründe.

7.7 Flächeninhalt des Kreises

Den Flächeninhalt eines Kreises kannst du näherungsweise berechnen, indem du ein Quadrat um den Kreis legst. Die Kreisfläche ist dann ungefähr dreimal so groß wie ein Quadrat über dem Radius. Bei genauerem Hinsehen ergibt sich für diesen Näherungswert wieder die Kreiszahl π.

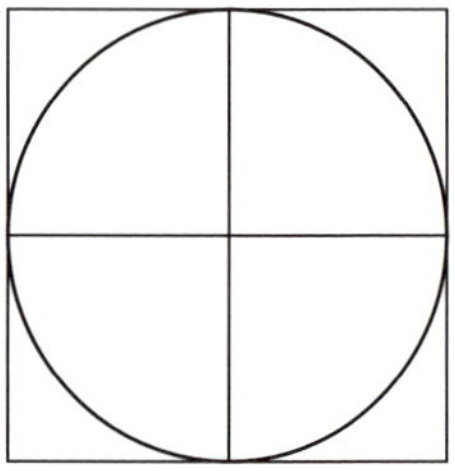

Hier wiederholst du,
- wie du den Flächeninhalt eines Kreises mit der Kreiszahl π berechnen kannst.

WISSEN

So berechnest du den Flächeninhalt eines Kreises

Quadriere den Radius des Kreises und multipliziere das Ergebnis mit π.
Es gilt die Formel:

$$\mathbf{A = \pi \cdot r^2 = \pi r^2}$$

Beachte:
Ein Kreis mit Radius $r = 1$ hat also den Flächeninhalt $A = \pi \cdot 1^2 = \pi$.

Beispiele:

a) Der Mittelkreis eines Fußballfeldes hat den Radius $r = 9{,}144\,\text{m}$ (= 30 feet). Berechne seinen Flächeninhalt.
Lösung:
Setze $r = 9{,}144\,\text{m}$ in die Formel $A = \pi \cdot r^2$ ein.
$A = \pi \cdot (9{,}144\,\text{m})^2 \approx 263\,\text{m}^2$

b) Wie groß wäre die Fläche, wenn man die Erde (Erdradius $r \approx 6378\,\text{km}$) am Äquator aufschneiden würde? Hätten 6,5 Milliarden Menschen auf dieser Kreisscheibe Platz, wenn jedem Menschen ein Stück von $1\,\text{m}^2$ zustehen würde?
Lösung:
Setze $r = 6378\,\text{km}$ in die Formel $A = \pi \cdot r^2$ ein.
$A = \pi \cdot (6378\,\text{km})^2 \approx 127\,796\,483\,\text{km}^2$
Die Menschen bräuchten in etwa eine Fläche von
$6\,500\,000\,000\,\text{m}^2 = 6\,500\,000\,\text{km}^2$.
Der Platz würde also reichen.

Denke daran: *Die Einheiten beim Flächeninhalt sind mm^2, cm^2, dm^2, m^2, a, ha, km^2!*

39

Berechne den Flächeninhalt eines Kreises mit

a) $r = 2\,cm$ b) $d = 8\,cm$ c) $r = \frac{1}{3}\,m$ d) $d = 0{,}5\,dm$.

40

Welchen Flächeninhalt hat der Mittelkreis eines Basketballfeldes mit $r = 1{,}8\,m$? Berechne.

41 ★

Wie verändert sich

a) der Flächeninhalt eines Kreises, wenn der Radius verdoppelt wird?

b) der Radius eines Kreises, wenn der Flächeninhalt geviertelt wird?

Begründe.

42 ★

Ein Kreis hat einen Umfang von 60 cm. Berechne, wie groß seine Fläche ist.

43 ★

Vergleiche den Umfang und den Flächeninhalt von zwei Kreisen, von denen der kleinere einen genau halb so großen Radius hat wie der größere. Beschreibe, was du feststellst.

1

Jana hat schon 300 Englisch-Vokabeln gelernt. Sie nimmt sich vor, jeden Tag 7 neue Vokabeln zu lernen.

a) Jana hält ihren Lernplan 8 Wochen ein.
Berechne, wie viele Vokabeln Jana jetzt kann.

b) Wie lange braucht Jana, bis sie 888 Vokabeln kann?
Berechne.

Punkte: ___ max. 2

2

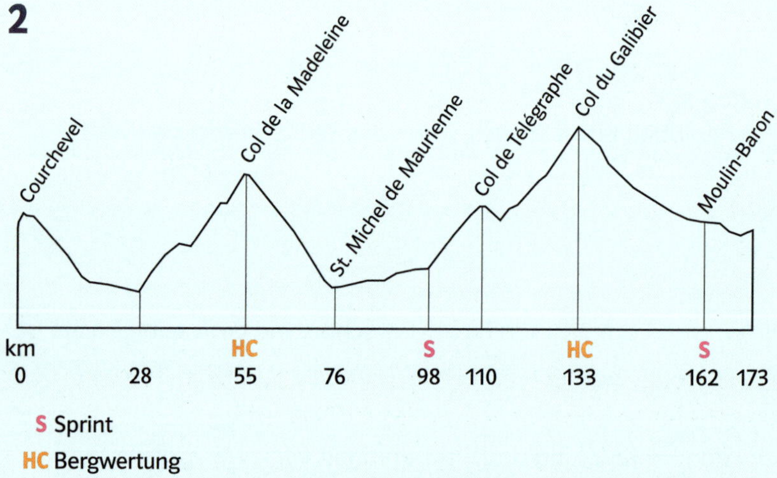

a) Beschreibe das Streckenprofil der 11. Tour-de-France-Etappe von Courchevel nach Briançon in Worten.

b) Gib an, nach wie vielen km es Sprintwertungen gibt.

c) Gib an, wann der höchste Punkt der Etappe erreicht ist.

Punkte: ___ max. 3

3

Januar	0,5°
Februar	1,2°
März	4,6°
April	8,7°
Mai	13,9°
Juni	16,6°
Juli	18,4°
August	17,8°
September	13,6°
Oktober	9,1°
November	4,4°
Dezember	1,8°

a) Stelle die monatlichen Durchschnittstemperaturen von Berlin in einem Diagramm dar.
Wähle einen geeigneten Ausschnitt.

b) Berechne die jährliche Durchschnittstemperatur von Berlin.

Punkte: ___ max. 3

4

An einer Tankstelle sind die Preisanzeigen defekt. Für 35 Liter Benzin zahlt Herr Schäfer 43,75 €. Wie viel kosten 50 l? Berechne.

Punkte: ___ max. 2

5

Bauer Klaus möchte seinen 35 m langen und 18 m breiten, rechteckigen Acker gegen einen gleichgroßen Acker mit einer Seitenlänge von 15 m tauschen.

a) Bestimme, wie lang die andere Seite ist.

b) Berechne, wie lang die andere Seite sein müsste, wenn die Breite 14 m ist.

Punkte: ___ max. 2

6

Löse die Gleichungen.

a) $3x + 5 = 17$

b) $4x - 3 = 19$

c) $27 - 0{,}5x = 13$

d) $5x - 3 = 2x$

Punkte: ___ max. 4

7

Maries Mutter arbeitet in einem Krankenhaus. Sie macht jeden Monat etwa 30 Überstunden. Sie hat 2 Verträge zur Auswahl.
Welchen Vertrag sollte sie wählen? Begründe.

Grundgehalt:	2738 €	①
jede Überstunde:	22 €	

Grundgehalt:	2845 €	②
jede Überstunde:	16 €	

Punkte: max. 4

8

Eine kleine Pizza hat einen Durchmesser von 26 cm.

a) Berechne, wie groß eine quadratische Schachtel mindestens sein muss, damit die Pizza hinein passt.

b) Pizzabäcker Napoli möchte den Boden der Schachtel mit einer runden Serviette auslegen. Berechne, welche Fläche die Serviette hat.

Punkte: max. 2

9

Berechne

a) Umfang und

b) Flächeninhalt

der Kreisfigur.

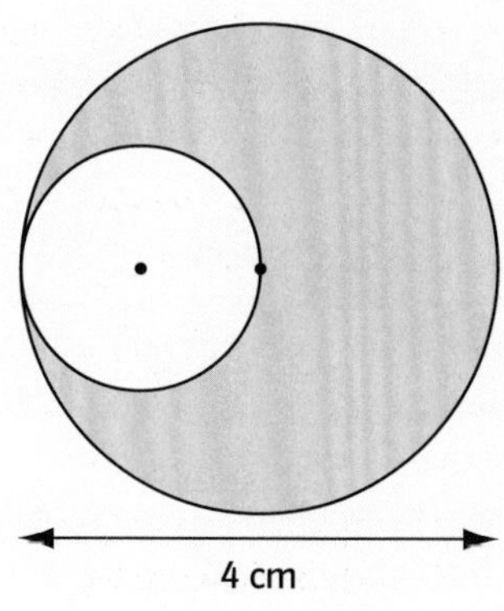

Punkte: max. 2

Gesamtpunkte: max. 24

Super! Du hast das **Kapitel 7 – Abhängigkeiten zwischen Größen** durchgearbeitet. Anschließend hast du die Testaufgaben gelöst und deine Punkte zusammengezählt.

In der Checkliste kannst du nun alle Testaufgaben abhaken, in denen du besonders gut abgeschnitten hast. Wenn du bei einigen Aufgaben noch nicht die volle Punktzahl erreicht hast, wiederhole einfach die Übungen, die in der letzten Spalte der Tabelle angegeben sind.

Meine Checkliste

Testaufgabe	Thema	Konnte ich gut lösen	Ich hatte Fehler und wiederhole deshalb die Übungen
1	Gleichungen		17–32
2	Abhängigkeiten beschreiben		1–4
3	Abhängigkeiten in Schaubildern darstellen		5–6
4	Der Dreisatz bei proportionaler Zuordnung		7–11
5	Gleichungen		17–32
6	Gleichungen		17–32
7	Gleichungen		17–32
8	Flächeninhalt des Kreises		39–43
9	Umfang des Kreises Flächeninhalt des Kreises		33–38 39–43

Lösungen

1 Rationale Zahlen

1

a) $\frac{4}{6}$ (vier Sechstel); $\frac{2}{5}$ (zwei Fünftel); $\frac{9}{16}$ (neun Sechzehntel); nicht gefärbt sind $\frac{2}{6}$; $\frac{3}{5}$; $\frac{7}{16}$.

b) $\frac{15}{18}$ (fünfzehn Achzehntel); $\frac{5}{8}$ (fünf Achtel); $\frac{11}{12}$ (elf Zwölftel); nicht gefärbt sind $\frac{3}{18}$; $\frac{3}{8}$; $\frac{1}{12}$.

c) $\frac{11}{12}$ (elf Zwölftel); nicht gefärbt ist $\frac{1}{12}$.

2

a)

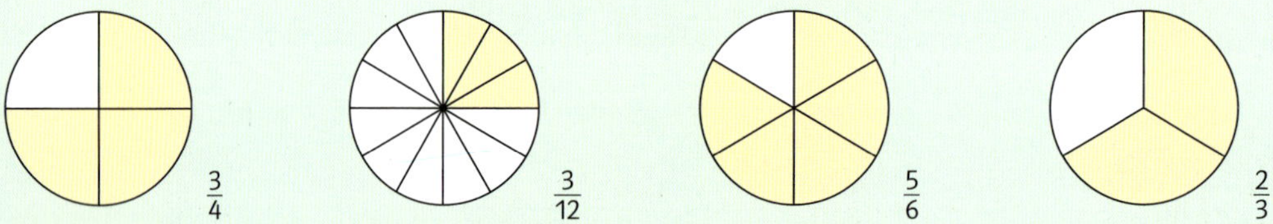

b)

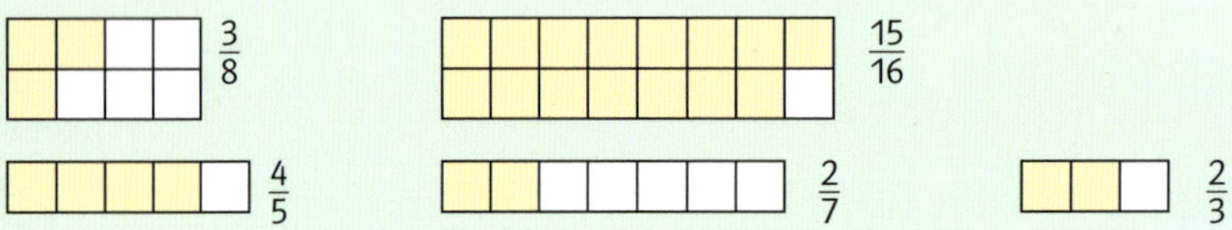

c) Die Länge der Strecke sollte durch den Nenner teilbar sein.
Tipp: Besonders einfach geht das, wenn die Streckenlänge dem Nenner entspricht!

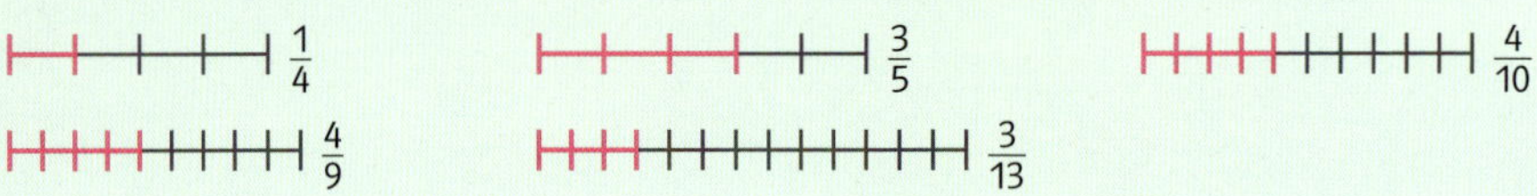

3

Deine Figuren können anders aussehen. Wichtig ist, dass die Anzahl der Teile stimmt.

a)

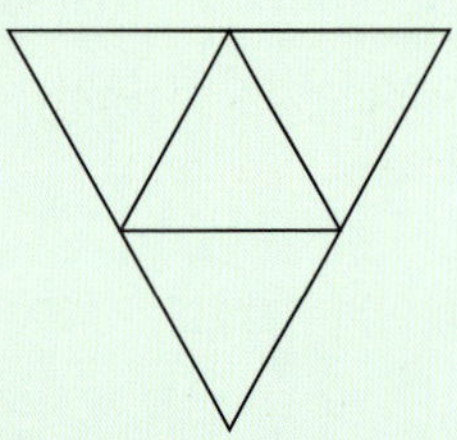

b)

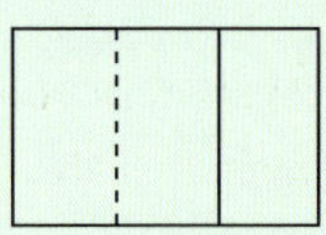

c)

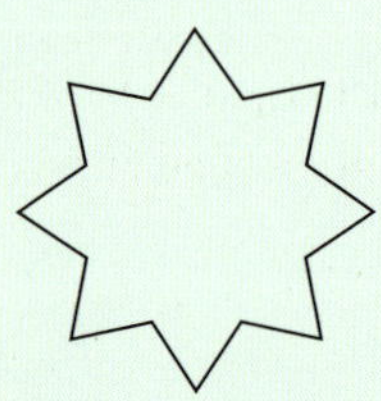

4

a) Das ist falsch, da die Teile nicht gleich groß sind.

b) Die Darstellung ist richtig.

c) Das ist falsch, da nur $\frac{5}{8}$ gefärbt sind.

5

a) $\frac{7}{2}$ b) $\frac{28}{5}$ c) $\frac{70}{9}$ d) $\frac{84}{8} = \frac{21}{2}$

e) $\frac{127}{15}$ f) $\frac{225}{100} = \frac{9}{4}$ g) $\frac{41}{3}$ h) $\frac{82}{12} = \frac{41}{6}$

6

a) Jedes Kind erhält $\frac{4}{3}$.

b) Jedes Kind erhält $\frac{9}{12}$ $\left(= \frac{3}{4}\right)$.

c) Jedes Kind erhält $\frac{6}{4}$ $\left(= 1\frac{1}{2}\right)$.

7

a) $2\frac{1}{3}$ b) $2\frac{1}{2}$ c) $2\frac{7}{10}$ d) $11\frac{1}{4}$

e) $8\frac{3}{5}$ f) $4\frac{5}{6}$ g) $5\frac{4}{7}$ h) $9\frac{1}{8}$

8

a) $8\frac{5}{16}$ b) $28\frac{10}{23}$ c) $21\frac{30}{35}$ d) $136\frac{20}{62}$

9

a) $1\frac{3}{8} = \frac{11}{8}$ b) $2\frac{1}{4} = \frac{9}{4}$ c) $3\frac{2}{9} = \frac{29}{9}$ d) $4\frac{5}{6} = \frac{29}{6}$

10

Beispiele: Eine Schulstunde dauert $\frac{3}{4}$ h, also 45 min; $\frac{1}{4}$ l Milch sind 250 ml.

11

a) 500 m; 75 cm; 1 cm

b) 30 min; 45 min; 20 min

c) 875 g; 250 kg; 800 mg

d) 5 dm^2; 6 cm^2; 25 a

12

Suche die nächstgrößere Einheit und überlege, wie oft die kleinere Einheit in die größere passt. Diese Zahl schreibst du in den Nenner, die ursprüngliche Maßzahl in den Zähler. Kürze dann.

a) $\frac{5}{10}$ dm = $\frac{1}{2}$ dm; $\frac{1}{10}$ m; $\frac{250}{1000}$ km = $\frac{1}{4}$ km

b) $\frac{3}{8}$ kg; $\frac{3}{4}$ t; $\frac{1}{5}$ g

13

Kontrolliere dich selbst.
Wenn du z. B. 130 cm groß bist, wäre deine Hand $\frac{130}{10}$ = 13 cm groß, dein Fuß $\frac{130}{7}$ cm ≈ 19 cm usw.

14

Eine 4 oder schlechter haben 14 von 24 Schülern, also $\frac{14}{24}$ geschrieben. $\frac{2}{3}$ von 24 Schülern sind aber 16 Schüler, also hat der Lehrer nicht Recht.

15

Miss jeweils die Grundseite und Höhe des großen und des abgeschnittenen Dreiecks. Du erhältst
$A_{groß} = 4\,cm \cdot 4\,cm : 2 = 8\,cm^2$ und $A_{klein} = 2\,cm \cdot 2\,cm : 2 = 2\,cm^2$.
Das kleine Dreieck ist im Verhältnis zum großen Dreieck $\frac{2}{8} = \frac{1}{4}$.

16

a) $\frac{1}{4} = \frac{2}{8} = \frac{3}{12} = \frac{5}{20} = \frac{6}{24} = \frac{10}{40}$

b) $\frac{3}{2} = \frac{6}{4} = \frac{9}{6} = \frac{15}{10} = \frac{18}{12} = \frac{30}{20}$

c) $\frac{4}{7} = \frac{8}{14} = \frac{12}{21} = \frac{20}{35} = \frac{24}{42} = \frac{40}{70}$

d) $\frac{6}{11} = \frac{12}{22} = \frac{18}{33} = \frac{30}{55} = \frac{36}{66} = \frac{60}{110}$

17

a) $\frac{1}{2} = \frac{8}{16}$; $\frac{3}{4} = \frac{12}{16}$; $\frac{2}{1} = \frac{32}{16}$; $\frac{5}{8} = \frac{10}{16}$

b) $\frac{3}{10} = \frac{6}{20}$; $\frac{2}{5} = \frac{8}{20}$; $\frac{3}{4} = \frac{15}{20}$; $\frac{3}{2} = \frac{30}{20}$

18

a) $\frac{4}{16} = \frac{2}{8} = \frac{1}{4}$

b) $\frac{15}{60} = \frac{5}{20} = \frac{3}{12} = \frac{1}{4}$

c) $\frac{20}{80} = \frac{10}{40} = \frac{5}{20} = \frac{4}{16} = \frac{2}{8} = \frac{1}{4}$

d) $\frac{21}{28} = \frac{3}{4}$

19

a) $\frac{1}{4}$　b) $\frac{4}{5}$　c) $\frac{2}{3}$　d) $\frac{3}{4}$

20

a) $\frac{3}{4} = \frac{6}{8}$　b) $\frac{13}{20} = \frac{39}{60}$　c) $\frac{20}{24} = \frac{5}{6} = \frac{35}{42}$

21

a) Achte darauf, dass die Zahl im Nenner nicht durch 5 teilbar ist, also dass sie als letzte Ziffer keine 0 oder 5 hat, z. B. $\frac{5}{7}$; $\frac{5}{9}$; $\frac{5}{11}$.
b) Im Zähler kann 12 stehen und im Nenner ein Vielfaches von 12, z. B. $\frac{12}{24}$.

22

a) falsch, $\frac{10}{15} = \frac{2}{3}$　b) richtig　c) falsch, $\frac{2}{4} = \frac{1}{2}$

23

a) Das ist falsch, der Wert ändert sich nicht, da der Bruch nur mit 2 erweitert wird.

b) Das ist richtig.

c) Das ist falsch, man kann ihn kürzen, wenn der Nenner ein Vielfaches des Zählers ist, z.B. $\frac{3}{9} = \frac{1}{3}$.

24

a) $5\,\% = \frac{5}{100} = \frac{1}{20}$

b) $60\,\% = \frac{60}{100} = \frac{3}{5}$

c) $70\,\% = \frac{70}{100} = \frac{7}{10}$

d) $85\,\% = \frac{85}{100} = \frac{17}{20}$

e) $200\,\% = \frac{200}{100} = 2$

f) $2\,‰ = \frac{2}{1000} = \frac{1}{500}$

g) $5\,‰ = \frac{5}{1000} = \frac{1}{200}$

h) $20\,‰ = \frac{20}{1000} = \frac{1}{50}$

i) $100\,‰ = \frac{100}{1000} = \frac{1}{10}$

j) $300\,‰ = \frac{300}{1000} = \frac{3}{10}$

25

a) $\frac{1}{100} = 1\,\%$

b) $\frac{1}{10} = 10\,\%$

c) $\frac{1}{2} = 50\,\%$

d) $\frac{1}{4} = 25\,\%$

e) $\frac{3}{4} = 75\,\%$

f) $\frac{1}{5} = 20\,\%$

g) $\frac{2}{5} = 40\,\%$

h) $\frac{1}{20} = 5\,\%$

i) $\frac{1}{25} = 4\,\%$

j) $\frac{1}{50} = 2\,\%$

26

a) 17 %

b) 80 %

c) 60 %

d) 20 %

e) 68 %

27

a) $\frac{35}{50} = 70\,\%$

b) $\frac{7}{20} = 35\,\%$

c) $\frac{16}{25} = 64\,\%$

28

a) Weg 1 ist der billigste.

b) Dirk geht über die Brücke und über den Berg zum Ziel.

29

Gas	Edelgase	Kohlendioxid	Sauerstoff	Stickstoff
in 5000 g Luft	50 g	15 g	1050 g	3885 g
Anteil in %	**1 %**	**0,3 % = 3 ‰**	**21 %**	**≈ 78 %**

30

a) 57 g

b) 24 €

c) 11 m²

d) 3000 m

e) 50 ct

f) 9 €

g) 5 g

h) 2 €

i) 24 min

31

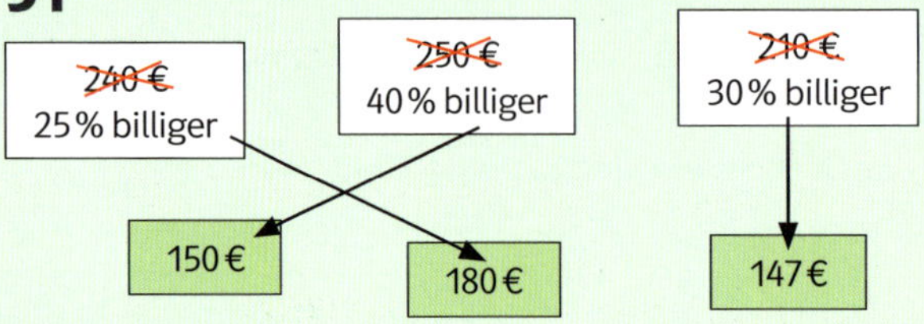

32

Man müsste noch wissen, wie viele Fahrzeuge insgesamt über jede Straße gefahren sind.

33

a) $\frac{572}{100}$ b) $\frac{101}{1000}$ c) $\frac{2114}{100}$ d) $\frac{93}{1000}$ e) $\frac{99}{100}$ f) $\frac{23\,456}{10\,000}$ g) $\frac{15}{10}$ h) $\frac{3}{100}$

34

a) 0,25; 0,5; 0,75
b) 0,125; 0,375; 0,625; 0,875
c) 0,2; 0,4; 0,6; 0,8
d) 0,2; 0,3; 0,4; 0,5; 0,6; 0,7; 0,8

35

a) $0{,}1 = \frac{1}{10} = 10\,\%$ b) $0{,}25 = \frac{1}{4} = 25\,\%$ c) $\frac{1}{8} = 0{,}125 = 12{,}5\,\%$ d) $60\,\% = 0{,}6 = \frac{6}{10}$

36

a) 1 000 000 mm^2; 10 000 cm^2; 100 dm^2; 1 m^2; 0,01 a; 0,0001 ha
b) 50 000 mm; 5000 cm; 500 dm; 50 m; 0,05 km
c) 200 000 mg; 200 g; 0,2 kg

37

a) 0,2 dm b) 0,035 kg c) 0,031 cm^2 d) 7,32 m^2
e) 0,045 ha f) 0,705 cm g) 0,27 l h) 0,05 €

38

a) 72 ct b) 20 m^2 c) 1750 cm^3 d) 875 ml
e) 0,3 dm f) 2080 g g) 2100 dm^3 h) 70,1 ha

39

a) 802 m^2 b) 0,0379 dm^3 c) 12 130 m
d) 0,083 l e) 6100 m^2 f) 0,015 m

40

a) 17 cm | b) 510 a | c) 2700 g | d) 31 cm
e) $50\,cm^3$ | f) 299 ct | g) 1750 ml | h) 20 m

41

a) 5,93 ha | b) 2,15 l | c) 1,375 kg | d) $5{,}002\,m^3$
e) $72{,}05\,m^2$ | f) 2,007 t | g) 25,09 € | h) 42,05 dm

42

Z $\frac{18}{48} = \frac{3}{8} = 0{,}375$ < **A** $\frac{9}{18} = \frac{1}{2} = 0{,}5$ < **H** $\frac{18}{30} = \frac{3}{5} = 0{,}6$ < **L** $\frac{9}{12} = \frac{3}{4} = 0{,}75$ < **E** $\frac{20}{25} = \frac{4}{5} = 0{,}8$ < **N** $\frac{49}{56} = \frac{7}{8} = 0{,}875$. Es ergibt sich das Wort ZAHLEN.

43

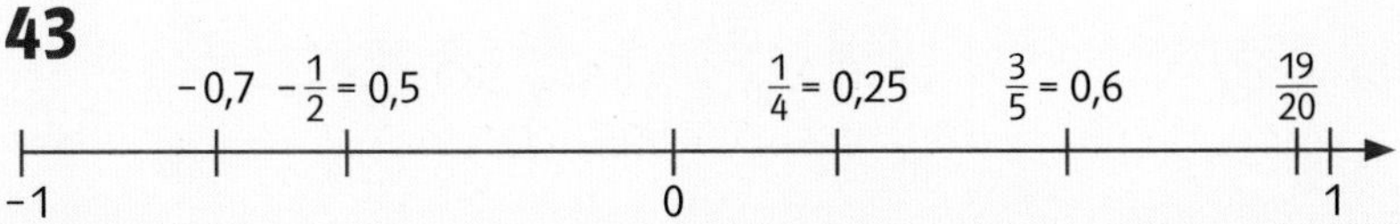

44

a) Ein Strich auf der Zahlengeraden entspricht $\frac{1}{18}$. Die Strecke von 0 bis 1 entspricht $\frac{18}{18}$.

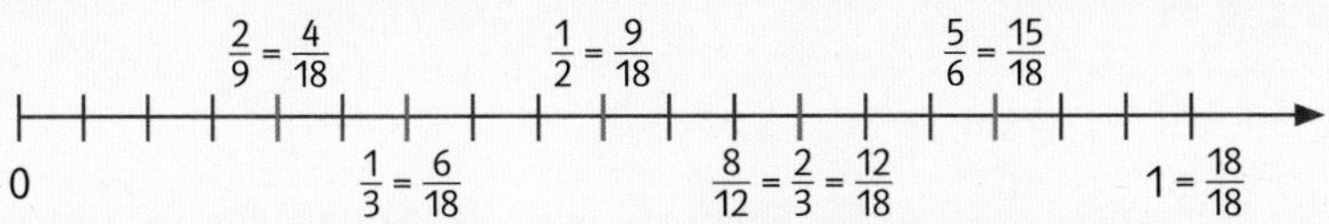

b) Ein Strich entspricht $\frac{1}{20}$. Die Strecke von 0 bis 1 entspricht $\frac{20}{20}$.

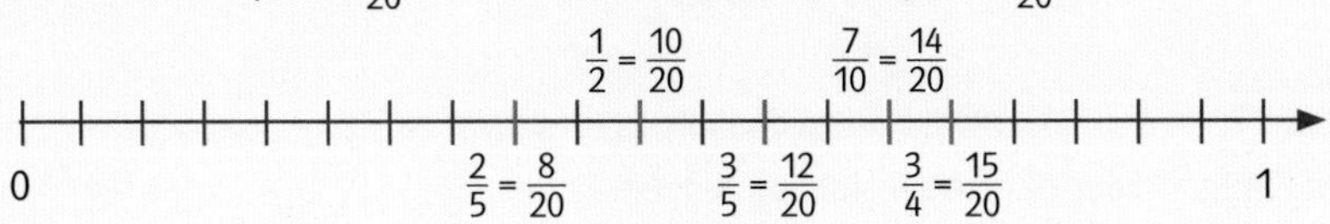

45

Hier sind nur Beispiele gegeben.

a) $\frac{5}{2}$; $\frac{11}{5}$; $\frac{9}{4}$ | b) $\frac{1}{4}$; $\frac{1}{3}$; $\frac{1}{5}$ | c) $\frac{9}{12} = \frac{3}{4}$; $\frac{13}{18}$; $\frac{17}{24}$ | d) $\frac{1}{2}$; $\frac{3}{4}$; $\frac{3}{5}$

46

Du musst die Zahlen so erweitern, dass sie den gleichen Nenner besitzen. Addiere dann die Zähler und teile die Summe durch 2. So erhältst du den Zähler der in der Mitte liegenden Zahl. Der Nenner bleibt gleich. *Achtung: Erweitere so, dass im Zähler keine Kommazahl steht.*

a) $4{,}5 = \frac{9}{2}$

b) $\frac{1}{4} = \frac{2}{8}$; $\frac{1}{2} = \frac{4}{8}$, also liegt $\frac{3}{8}$ in der Mitte.

c) $\frac{7}{24}$

d) $\frac{17}{35}$

47

a) und b) Bruchzahlen haben keinen Vorgänger und keinen Nachfolger, denn durch geeignetes Erweitern findet man immer eine Bruchzahl, die in der Mitte von zwei Bruchzahlen liegt. Die Bruchzahlen liegen dicht.

48

a) $\frac{3}{4} < \frac{4}{5}$

b) $\frac{2}{3} = \frac{8}{12}$

c) $\frac{18}{45} > \frac{15}{40}$

d) $\frac{35}{42} < \frac{49}{56}$

e) $1{,}22 > 1{,}15$

f) $0{,}8 < 0{,}81$

g) $3{,}4 = 3{,}40$

h) $0{,}720 < 0{,}7201$

49

a) $0{,}05 < 0{,}052 < 0{,}15 < 0{,}2 < 0{,}3 < 0{,}31 < 0{,}5 < 0{,}55$

b) $\frac{3}{9} < \frac{2}{5} < \frac{13}{26} = \frac{1}{2} < \frac{10}{18} = \frac{5}{9} < \frac{12}{15} = \frac{4}{5}$

50

1. Justin
2. Francis
3. Maurice
4. Shawn
5. Asafa
6. Kim
7. Obadele

51

a) Hier kannst du alle Zahlen, die größer als 5 sind, einsetzen.

b) Hier gehen 2, 1 und 0.

c) alle Zahlen größer als 2

d) 0

e) alle Zahlen von 3 bis 9

f) alle Zahlen kleiner als 5, also 4; 3; 2; 1.

52

a) $\frac{4}{7} > \frac{4}{8}$, da die Anzahl gleich ist, aber die Stücke unterschiedlich groß sind.

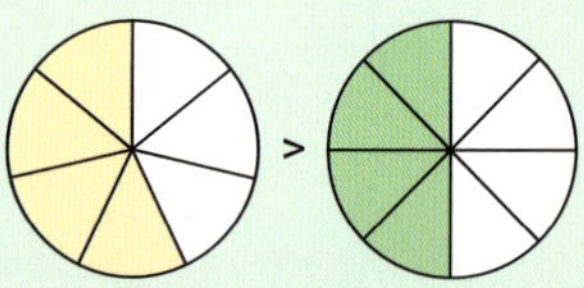

b) $\frac{13}{15} < \frac{12}{11}$, da $\frac{13}{15} < 1$ und $\frac{12}{11} > 1$ ist.

c) $\frac{4}{5} > \frac{18}{35}$, da $\frac{4}{5}$ ziemlich nah an 1 ist und $\frac{18}{35}$ nur knapp größer als $\frac{1}{2}$ ist.

53

Daniel hat $\frac{21}{84} = \frac{1}{4}$ doppelte Sticker, Melina $\frac{16}{72} = \frac{2}{9}$. Da $\frac{2}{9} < \frac{1}{4}$, hat Melina das bessere Päckchen.

54

blau: $\frac{6}{24} = \frac{1}{4}$

gelb: $\frac{9}{24}$

grün: $\frac{7}{24}$

rot: $\frac{2}{24} = \frac{1}{12}$

55

a) Katharina = Sarah < Philipp < Yannick < Mario

b) Insgesamt sind $20 \cdot 8 = 160$ Brötchen gemacht worden, davon haben Sarah 20, Philip 32, Yannick 40 und Mario 48 Brötchen gemacht.

56

Mia erhielt 8, Hanna 12 und Lena 10 Stimmen. Es haben also zwei Schülerinnen oder Schüler nicht mit abgestimmt. Hanna hat die Wahl gewonnen.

57

a) $32\,\% = \frac{32}{100} = \frac{8}{25}$. $250\,g : 25 \cdot 8 = 80\,g$. Das 250 g-Stück Parmesan enthält also 80 g Fett.

b) $70\,\% = \frac{7}{10}$. $50\,kg : 10 \cdot 7 = 35\,kg$. Ein Mensch mit einem Körpergewicht von 50 kg enthält ungefähr 35 kg Wasser.

58

a) Ein DIN-A3-Blatt besteht aus 4 DIN-A5-Blättern (8 DIN-A6-Blättern). Die Bruchteile sind also $\frac{1}{4}$ und $\frac{1}{8}$.

b) 2 DIN-A7-Blätter: $\frac{2}{8} = \frac{1}{4}$, 2 DIN-A8-Blätter: $\frac{2}{16} = \frac{1}{8}$.

Test

1

a) $\frac{2}{8}$ $\left[= \frac{1}{4}\right]$

b) 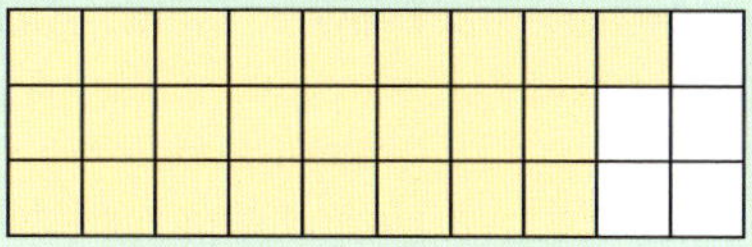

c) $\frac{3}{8}$ 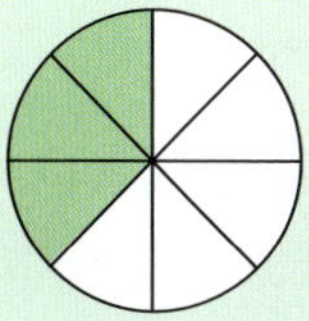 ; $\frac{4}{7}$ 

(je 1 P.)

2

a) $\frac{17}{6}$; $\frac{31}{4}$ b) $6\frac{1}{3}$; $7\frac{2}{5}$ (je 1 P.)

3

a) $508{,}50\,dm^2$; $565{,}5\,m^2$; $570\,m^2$ b) Grundstück 2 ist das größte. (je 1 P.)

4

a) 5% b) 75% c) 68% d) 87,5% (je 1 P.)

5

a) Note 3 oder besser hatten $\frac{17}{30}$, das ist mehr als die Hälfte. (r)

b) Schlechter als Note 4 waren $\frac{7}{30}$, das sind mehr als $\frac{1}{5} = \frac{6}{30}$. (f)

c) Note 2 oder 3 hatten $\frac{14}{30} = \frac{7}{15} \neq \frac{1}{3}$. (f)

d) $\frac{3}{30} = \frac{1}{10} = 10\%$ hatten die Note 1. (r) (je 1 P.)

6

a) $2{,}07\,m = 207\,cm$ b) $480\,mg = 0{,}48\,g$

c) $0{,}5\,ha = 50\,a$ d) $81\,972\,cm^3 = 81{,}972\,dm^3$ (je 1 P.)

7

Rechnung: 20% von 150 € sind 30 €.
Der reduzierte Preis beträgt also noch 120 €. Davon gehen nochmals 10% weg, das sind 12 €.
Der Artikel kostet jetzt also noch 108 €.

8

Tim bekommt $\frac{4}{12}$ Taschengelderhöhung, Anne $\frac{5}{20}$.

Da $\frac{4}{12} = \frac{1}{3} > \frac{5}{20} = \frac{1}{4}$, bekommt Tim anteilsmäßig eine größere Taschengelderhöhung.

19 – 24 Punkte	13 – 18 Punkte	7 – 12 Punkte	0 – 6 Punkte
Prima, du hast dieses Kapitel gut verstanden! Nun kannst du das nächste Kapitel üben.	Das klappt ja schon recht ordentlich! Du kannst vieles recht gut, aber es könnte auch besser sein. Wiederhole die Übungen nochmal, die deine Checkliste dir angibt.	Einiges hast du schon ganz gut gelöst, insgesamt sind deine Lücken aber noch zu groß. Wiederhole die Übungen noch einmal, die dir die Checkliste nennt.	Es gibt bei dir noch sehr viele Unsicherheiten. Du musst noch mehr üben! Wiederhole die Übungen noch einmal, die dir die Checkliste nennt.

2 Rationale Zahlen addieren und subtrahieren

1

a) $\frac{6}{8} = \frac{3}{4}$ b) $\frac{7}{5}$ c) $\frac{12}{10} = \frac{6}{5}$ d) $\frac{25}{15} = \frac{5}{3}$ e) $\frac{9}{18} = \frac{1}{2}$ f) $\frac{28}{7} = 4$

2

Er saß insgesamt $\frac{13}{4}\,h = 3\frac{1}{4}\,h$ an den Hausaufgaben.

3

a) $\frac{65}{60}\,min = 1\frac{5}{60}\,min = 1\,min\ 5\,s$ $48\,s + 17\,s = 65\,s = 1\,min\ 5\,s$

b) $\frac{10}{8}\,l = 1\frac{2}{8}\,l = 1\frac{1}{4}\,l = 1{,}25\,l$ $375\,ml + 875\,ml = 1250\,ml = 1\,l\ 250\,ml = 1\frac{1}{4}\,l$

c) $\frac{450}{1000}\,t = 450\,kg$ $1250\,kg - 800\,kg = 450\,kg$

d) $\frac{15}{10}\,kg = 1\frac{5}{10}\,kg = 1\frac{1}{2}\,kg = 1{,}5\,kg$ $800\,g + 500\,g + 200\,g = 1500\,g = 1{,}5\,kg$

4

a) $\frac{7}{15} + \frac{11}{15} = \frac{18}{15} = 1\frac{3}{15}$b) b) $\frac{\overset{2}{4}}{9} + \frac{\overset{4}{2}}{9} = \frac{6}{9} = \frac{2}{3}$ c) $\frac{3}{11} + \frac{3}{11} = \frac{6}{11}$

5

a) $\frac{11}{8} + \frac{3}{8} - \frac{7}{8} = \frac{7}{8}$ b) $\frac{5}{10} - \frac{5}{10} = \frac{0}{10}$ c) $\frac{17}{50} + \frac{24}{50} = \frac{41}{50}$

6

Daniel gibt $\frac{1}{5}$, also 0,70 € und $\frac{4}{7}$, also 2 € aus und kann 3,50 € – 2,70 € = 0,80 € pro Woche sparen. In vier Wochen kann er 0,80 € · 4 = 3,20 € sparen. Das Geld reicht also für den Comic.

7

a) $\frac{2 \cdot 3}{3 \cdot 3} + \frac{4}{9} = \frac{6+4}{9} = \frac{10}{9}\ \left(= 1\frac{1}{9}\right)$ b) $\frac{5 \cdot 4}{7 \cdot 4} + \frac{3 \cdot 7}{4 \cdot 7} = \frac{20+21}{28} = \frac{41}{28}\ \left(= 1\frac{13}{28}\right)$ c) $\frac{47}{40}\ \left(= 1\frac{7}{40}\right)$

d) $\frac{19}{22}$ e) $\frac{71}{20}\ \left(= 3\frac{11}{20}\right)$ f) $\frac{47}{60}$ g) $\frac{31}{48}$ h) $\frac{29}{36}$

8

Kaa: $\frac{8}{24}\,kg + \frac{15}{24}\,kg + \frac{18}{24}\,kg = \frac{41}{24}\,kg$ Boa: $\frac{9}{36}\,kg + \frac{15}{36}\,kg + \frac{24}{36}\,kg + \frac{22}{36}\,kg = \frac{70}{36}\,kg = \frac{35}{18}\,kg$

9

Tipp: Mache die Brüche gleichnamig und rechne die Umkehraufgabe.

a) $\frac{8}{24} + \square = \frac{21}{24}$, also $\square = \frac{21}{24} - \frac{8}{24}$, also $\square = \mathbf{\frac{13}{24}}$

b) $\frac{7}{30}$ c) $\frac{17}{30}$ d) $\frac{23}{48}$ e) $\frac{28}{8} + \frac{10}{8} = \frac{19}{4}$ f) $\frac{4}{9}$

10

a) Man muss zuerst die Brüche gleichnamig machen.

$\frac{9}{8} - \frac{2}{3} = \frac{9 \cdot 3}{24} - \frac{2 \cdot 8}{24} = \frac{27 - 16}{24} = \frac{11}{24}$

b) $\frac{2}{3}$ wurde falsch erweitert.

$\frac{4}{5} + \frac{2}{3} = \frac{12}{15} + \frac{10}{15} = \frac{22}{15}$

11

Wenn du den gleichen Bruch von $\frac{3}{5}$ subtrahierst und zu $\frac{3}{5}$ addierst, erhältst du die gesuchten Bruchzahlen, z.B. $\frac{2}{5}$ und $\frac{4}{5}$, $\frac{1}{2} = \frac{5}{10}$ und $\frac{7}{10}$.

12

Addiere die getrunkenen Liter und subtrahiere das Ergebnis von 10 l. Es bleiben $2\frac{31}{40}$ l übrig.

13

Die Schule muss $1 - \frac{4}{10} - \frac{1}{3} = \frac{4}{15}$ zuschießen.

14

a) $8\frac{7}{8}$ b) $7\frac{5}{6}$ c) $2\frac{6}{11}$ d) $8\frac{7}{12}$ e) $1\frac{39}{40}$ f) $12\frac{1}{6}$

15

+	$2\frac{1}{2}$	$4\frac{2}{3}$	$5\frac{2}{5}$	$4\frac{3}{4}$
$2\frac{1}{2}$	5	$7\frac{1}{6}$	$7\frac{9}{10}$	$7\frac{1}{4}$
$4\frac{2}{3}$	$7\frac{1}{6}$	$9\frac{1}{3}$	$10\frac{1}{15}$	$9\frac{5}{12}$
$5\frac{2}{5}$	$7\frac{9}{10}$	$10\frac{1}{15}$	$10\frac{4}{5}$	$10\frac{3}{20}$
$4\frac{3}{4}$	$7\frac{1}{4}$	$9\frac{5}{12}$	$10\frac{3}{20}$	$9\frac{1}{2}$

−	$2\frac{1}{2}$	$1\frac{2}{3}$	$2\frac{2}{5}$	$1\frac{3}{4}$
$2\frac{1}{2}$	0	$\frac{5}{6}$	$\frac{1}{10}$	$\frac{3}{4}$
$4\frac{2}{3}$	$2\frac{1}{6}$	3	$2\frac{4}{15}$	$2\frac{11}{12}$
$5\frac{2}{5}$	$2\frac{9}{10}$	$3\frac{11}{15}$	3	$3\frac{13}{20}$
$4\frac{3}{4}$	$2\frac{1}{4}$	$3\frac{1}{12}$	$2\frac{7}{20}$	3

16

Die Reise dauert $\frac{3}{2}$h + $\frac{1}{3}$h + $\frac{9}{4}$h + $\frac{3}{4}$h + $\frac{8}{3}$h = $\mathbf{7\frac{1}{2}}$ **h.**

17

In Zauberquadraten ist die Summe der Zahlen in Spalten, Zeilen und Diagonalen jeweils gleich.

a)

$\frac{5}{6}$	$\frac{1}{4}$	$\mathbf{\frac{11}{12}}$	$\mathbf{\frac{24}{12}}$
$\mathbf{\frac{3}{4}}$	$\frac{2}{3}$	$\mathbf{\frac{7}{12}}$	$\mathbf{\frac{24}{12}}$
$\mathbf{\frac{5}{12}}$	$\mathbf{\frac{13}{12}}$	$\frac{1}{2}$	$\mathbf{\frac{24}{12}}$
$\mathbf{\frac{24}{12}}$	$\mathbf{\frac{24}{12}}$	$\mathbf{\frac{24}{12}}$	$\mathbf{\frac{24}{12}}$

b)

$\mathbf{\frac{27}{20}}$	**2**	$\mathbf{\frac{29}{20}}$	$\mathbf{\frac{96}{20}}$
$\frac{17}{10}$	$1\frac{3}{5}$	$\frac{3}{2}$	$\mathbf{\frac{96}{20}}$
$\frac{7}{4}$	$\mathbf{1\frac{1}{5}}$	$\mathbf{\frac{37}{20}}$	$\mathbf{\frac{96}{20}}$
$\mathbf{\frac{96}{20}}$	$\mathbf{\frac{96}{20}}$	$\mathbf{\frac{96}{20}}$	$\mathbf{\frac{96}{20}}$

18

Runde auf	Zehntel	Hundertstel	Tausendstel	Zehntausendstel
4,15303	**4,2**	**4,15**	**4,153**	**4,1530**
3,09828	**3,1**	**3,10**	**3,098**	**3,0983**
9,95205	**10,0**	**9,95**	**9,952**	**9,9521**
0,96578	**1,0**	**0,97**	**0,966**	**0,9658**

19

Erinnere dich daran, was du über das Runden gelernt hast und über das Umrechnen von Größen.

$1\,dm = \frac{1}{10}\,m = 0{,}1\,m$. Also musst du auf die erste Stelle nach dem Komma runden.

a) 6,4 m b) 12,95 ha c) 8,980 t d) 0,29 dm e) 5,39 € f) 3,971 l

20

Berlin: 3,6 Mio.
Hamburg: 1,8 Mio.
München: 1,5 Mio.
Köln: 1,1 Mio.
Frankfurt: 0,8 Mio.

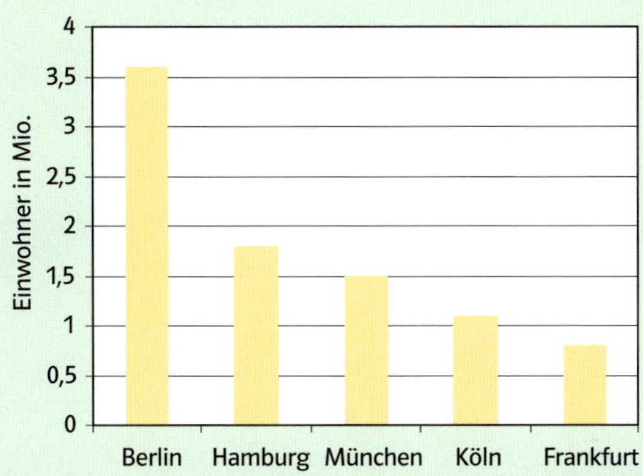

21

a) Drei Zahlen zwischen 5 und 14, z. B. 8, 11, 13.
b) Drei Zahlen zwischen 5,15 und 5,24.
c) Drei Zahlen zwischen 1,115 und 1,124.
d) Drei Zahlen zwischen 4,6455 und 4,6464.

22

Marias Schulranzen wiegt mindestens 5,45 kg und höchstens 5,54 kg.

23

Herr Schmid rechnet $50 \cdot 1{,}3\,€ = 50\,€ + 15\,€ = 65\,€$. Sein Bargeld reicht also.

24

a) 4 b) 8 c) 26,9 d) 0,01 e) 4,6 f) 4,99 g) 8,6 h) 17,5

25

a) 39,874 Eine Überschlagsrechnung wäre z. B.: $26 + 5 + 9 = 40$.

b) 15,89 c) 5,171 d) 49,096

26

a) $5{,}95 + 1{,}25 = 7{,}2$; 8,45; 9,7; 10,95; 12,2

b) 2,9; 3,5; 4,1; 4,7; 5,3

c) 5,5; 5,125; 4,75; 4,375; 4

27

Lisa ist in einer Woche 157,315 km gefahren.

28

a) falsch; $2{,}2 + 5{,}8 = 8{,}0$ b) richtig c) falsch; $8{,}58 - 1{,}2 = 7{,}38$

29

a) 7,4 b) 37,38 c) 160,28 d) 12,5

30

a) $\frac{1}{4} + \frac{3}{4} + \frac{3}{5} = \frac{4}{4} + \frac{3}{5} = 1\frac{3}{5}$ b) $\frac{14}{9}\ \left(= 1\frac{5}{9}\right)$ c) $\frac{3}{2} + \frac{1}{2} + \frac{3}{7} = 2\frac{3}{7}$ d) $\frac{9}{4}\ \left(= 2\frac{1}{4}\right)$

31

a) Durch geschicktes Zusammenfassen und Kürzen kommst du ohne Erweitern zurecht:

$$\frac{4+8}{15} + \frac{2}{5} = \frac{\overset{4}{\cancel{12}}}{\underset{5}{\cancel{15}}} + \frac{2}{5} = \frac{6}{5}\ \left(= 1\frac{1}{5}\right)$$

b) Hier kannst du zusammenfassen, musst aber doch erweitern. $\frac{5}{3}\ \left(= 1\frac{2}{3}\right)$

32

a) 14,7 b) 3 c) 11

33

a) Die drei größten Zahlen ergeben die größte Summe, also: $8{,}7 + 6{,}5 + 3{,}6 = 18{,}8$.

b) Die drei kleinsten Zahlen ergeben die kleinste Summe, also: $3{,}6 + 2{,}3 + 1{,}9 = 7{,}8$.

c) Nur die drei größten Zahlen ergeben in der Summe eine Zahl > 18 (vgl. Aufgabe a)).

34

Frau Maier muss die Preise auf Zehner aufrunden, addieren und so viele Cents abziehen, wie sie Preise hat, also $2 + 2 + 3{,}5 + 3 + 0{,}8 - 0{,}05 = 11{,}25$.

35

Wandle die Brüche in ml um und addiere dann die Einzelbestandteile. $\frac{3}{20}$ von 200 ml sind 30 ml, da $\frac{1}{20}$ von 200 ml gleich 10 ml ist. Du nimmst also 30 ml Kokossirup. Du brauchst außerdem 20 ml Sahne, 50 ml Ananassaft, 50 ml Orangensaft und 10 ml Grenadine. Das sind zusammen 160 ml.
Du musst also noch 40 ml Wasser hinzufügen.

36

a) Es bleiben $\frac{7}{20}$ seines Taschengelds übrig.

b) Er kann monatlich 3,50 € sparen.

37

5,80 € + 6,40 € + 6,80 € + 7,80 € + 2 · (1,80 €) + 8 € = 38,40 €
10 % von 38,40 € sind 3,84 €. 38,40 € + 3,84 € = 42,24 €
Familie Schmid hat 42,24 € für das Mittagessen ausgegeben.

38

$\frac{1}{4} + \frac{1}{5} + \frac{1}{5} + \frac{1}{3} = \frac{15}{60} + \frac{12}{60} + \frac{12}{60} + \frac{20}{60} = \frac{59}{60}$

Sein Geld recht ihm also nicht ganz. Es fehlt noch $\frac{1}{60}$ des Kaufpreises.

Test

1

a) $\frac{23}{20}\left(= 1\frac{3}{20}\right)$ b) $\frac{8}{5}\left(= 1\frac{3}{5}\right)$ c) $\frac{11}{18}$ d) $\frac{2}{5}$ e) $7\frac{11}{12}$ f) $1\frac{2}{3}$ (je 1 P.)

2

a) 81,966 b) 43,498 (je 1 P.)

3

a) $2\frac{5}{7}$ b) 10,5 (je 2 P.)

4

a) Eiffelturm ≈ 300 m; Cheops-Pyramide ≈ 140 m;
Kölner Dom ≈ 160 m; Big Ben ≈ 100 m;
Berliner Fernsehturm ≈ 370 m (3 P.)

b) Alle Bauwerke sind zusammen
1058,83 m = 1,05883 km hoch. (1 P.)

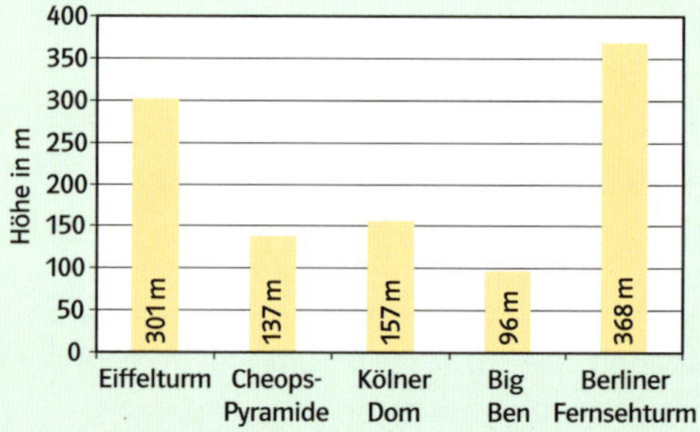

5

a)

0,41	0,36	0,33	0,28	0,27	0,23

b) 1,88 m

c) Der Bambus müsste noch 10,12 m wachsen.

d) Unter der Annahme, dass der Bambus weiterhin etwa 0,3 m am Tag wächst, dauert das Wachstum noch ungefähr 33 – 34 Tage. (je 1 P.)

6

a) 1,75 + 2,39 = 4,14

b) 3,20

c) Schule – Kaufhaus – Spielplatz – Schwimmbad: 1,69

d) Kirche – Bahnhof – Schwimmbad – Spielplatz (oder umgekehrt): 2,17 (je 1 P.)

19 – 24 Punkte	13 – 18 Punkte	7 – 12 Punkte	0 – 6 Punkte
Prima, du hast dieses Kapitel gut verstanden! Nun kannst du das nächste Kapitel üben.	Das klappt ja schon recht ordentlich! Du kannst vieles recht gut, aber es könnte auch besser sein. Wiederhole die Übungen nochmal, die dir die Checkliste nennt.	Einiges hast du schon ganz gut gelöst, insgesamt sind deine Lücken aber noch zu groß. Wiederhole die Übungen nochmal, die dir die Checkliste nennt.	Es gibt bei dir noch sehr viele Unsicherheiten. Du musst noch mehr üben! Wiederhole die Übungen nochmal, die dir die Checkliste nennt.

3 Rationale Zahlen multiplizieren und dividieren

1

a) $\frac{3}{8} \cdot 4 = \frac{12}{8} = \frac{3}{2}$
b) $\frac{18}{5}$
c) $\frac{11}{6}$
d) 30
e) $\frac{27}{2}$
f) $\frac{49}{5}$
g) $\frac{9}{2}$
h) 8

2

a) $\frac{2}{9 \cdot 9} = \frac{2}{81}$
b) $\frac{7}{30}$
c) $\frac{2}{5}$
d) $\frac{7}{6}$
e) $\frac{1}{2}$
f) $\frac{3}{4}$
g) $\frac{9}{16}$
h) $\frac{1}{5}$

3

Bei diesen Aufgaben kannst du dir mit Umkehraufgaben helfen.

a) $\frac{4}{5}$
b) $\frac{12}{7} : 4 = \frac{3}{7}$
c) $\frac{1}{5}$
d) 3
e) 2
f) $\frac{15}{8}$

4

a) Ein Kasten enthält $\frac{3}{4}\,l \cdot 6 = \frac{18}{4}\,l = \frac{9}{2}\,l = 4\frac{1}{2}\,l$.
b) Jeder erhält $\frac{3}{2}\,l : 3 = \frac{1}{2}\,l$.

5

a) Die Schüler sind schon $10\,km \cdot \frac{4}{5} = 8\,km$ gelaufen; sie müssen noch 2 km wandern.

b) Die Wanderung dauert insgesamt $2\,h \cdot \frac{5}{4} = \frac{10}{4}\,h = \frac{5}{2}\,h = 2\frac{1}{2}\,h$.

c) Die Rechnung stimmt, wenn die Schüler den ganzen Weg gleichmäßig wandern.

6

a) Der Turm ist $\frac{17}{8}\,mm \cdot 20 = \frac{85}{2}\,mm = 42\frac{1}{2}\,mm$ hoch.

b) Sebastian ist $\frac{3}{4}\,h \cdot 9 = \frac{27}{4}\,h = 6\frac{3}{4}\,h$ in der Schule.

7

a) $\frac{1}{3}$
b) $\frac{4}{15}$
c) $\frac{3}{28}$
d) $\frac{5}{7}$
e) $\frac{3}{5}$
f) $\frac{21}{104}$
g) 2
h) 1

8

$\cdot$	$\frac{3}{10}$	$\frac{2}{3}$	$\frac{5}{8}$
$\frac{3}{4}$	$\frac{9}{40}$	$\frac{1}{2}$	$\frac{15}{32}$
$\frac{5}{6}$	$\frac{1}{4}$	$\frac{5}{9}$	$\frac{25}{48}$
$\frac{8}{5}$	$\frac{12}{25}$	$\frac{16}{15}$	1

9

a) $\frac{7}{4}\ \left(= 1\frac{3}{4}\right)$

b) $\frac{64}{125}$

c) 1

d) $\frac{15}{8}\ \left(= 1\frac{7}{8}\right)$

10

a) $\frac{5}{6}\cdot\frac{3}{8}\,\text{kg} = \frac{5}{16}\,\text{kg}$

b) $\frac{1}{15}\,l$

c) $\frac{3}{5}\,\text{m}$

11

Lösungen sind z.B.:

a) $\frac{4}{13}\cdot\frac{2}{3}$

b) $\frac{8}{7}\cdot\frac{4}{9}$

c) $\frac{4}{3}\cdot\frac{10}{7}$

12

a) Das Produkt wird ebenfalls halbiert.

b) Das Produkt wird viermal so groß.

c) Das Produkt ändert sich nicht.

d) Das Produkt ist nur noch $\frac{1}{2}\cdot\frac{1}{2}\cdot\frac{1}{2} = \frac{1}{8}$ so groß.

13

a) $\frac{9}{4}\,\text{dm}\cdot\frac{8}{27}\,\text{dm} = \frac{2}{3}\,\text{dm}^2$

b) $\frac{2}{18}\,\text{m}\cdot\frac{9}{2}\,\text{m} = \frac{1}{2}\,\text{m}^2$

c) $\frac{5}{3}\,\text{dm}\cdot\frac{7}{10}\,\text{dm} = \frac{7}{6}\,\text{dm}^2$

d) $\frac{1}{2}\cdot\frac{7}{8}\,\text{m}\cdot\frac{20}{21}\,\text{m} = \frac{5}{12}\,\text{m}^2$

14

a) $\frac{4}{3}\,\text{dm}\cdot\frac{2}{7}\,\text{dm}\cdot\frac{14}{5}\,\text{dm} = \frac{16}{15}\,\text{dm}^3$

b) $\frac{10}{3}\,\text{m}\cdot\frac{7}{8}\,\text{m}\cdot\frac{6}{5}\,\text{m} = \frac{7}{2}\,\text{m}^3$

15

a) $\frac{3}{\cancel{4}_{1}}\cdot\frac{\cancel{8}^{2}}{1} = 6$

b) $\frac{28}{5}$

c) $\frac{1}{20}$

d) $\frac{1}{2}$

e) 6

f) $\frac{35}{12}$

g) 1

h) $\frac{2}{3}$

i) $\frac{1}{4}$

16

a) $\frac{3}{5} : \frac{9}{20} = \frac{\cancel{3}^{1}}{\cancel{5}_{1}}\cdot\frac{\cancel{20}^{4}}{\cancel{9}_{3}} = \frac{4}{3}$

b) $\frac{\cancel{4}^{2}}{\cancel{15}_{5}}\cdot\frac{\cancel{3}^{1}}{\cancel{2}_{1}} = \frac{2}{5}$

c) $\frac{4}{3}$

d) $\frac{7}{11}$

17

a)

:	$\frac{1}{2}$	$\frac{2}{3}$	$\frac{3}{4}$	$\frac{4}{5}$	$\frac{5}{8}$
$\frac{4}{7}$	$\frac{8}{7}$	$\frac{6}{7}$	$\frac{16}{21}$	$\frac{5}{7}$	$\frac{32}{35}$
$\frac{4}{5}$	$\frac{8}{5}$	$\frac{6}{5}$	$\frac{16}{15}$	1	$\frac{32}{25}$
$\frac{7}{3}$	$\frac{14}{3}$	$\frac{7}{2}$	$\frac{28}{9}$	$\frac{35}{12}$	$\frac{56}{15}$
$\frac{6}{8}$	$\frac{3}{2}$	$\frac{9}{8}$	1	$\frac{15}{16}$	$\frac{6}{5}$

b)

:	$\frac{4}{3}$	$\frac{5}{6}$	$\frac{3}{8}$	$\frac{15}{12}$	$\frac{25}{24}$
$\frac{1}{2}$	$\frac{3}{8}$	$\frac{3}{5}$	$\frac{4}{3}$	$\frac{2}{5}$	$\frac{12}{25}$
$\frac{5}{4}$	$\frac{15}{16}$	$\frac{3}{2}$	$\frac{10}{3}$	1	$\frac{6}{5}$
$\frac{9}{8}$	$\frac{27}{32}$	$\frac{27}{20}$	3	$\frac{9}{10}$	$\frac{27}{25}$
$\frac{2}{3}$	$\frac{1}{2}$	$\frac{4}{5}$	$\frac{16}{9}$	$\frac{8}{15}$	$\frac{16}{25}$

18

a) $b = \frac{8}{9}\,dm^2 : \frac{2}{3}\,dm = \frac{8}{9} \cdot \frac{3}{2}\,dm = \frac{4}{3}\,dm$

b) $a = \frac{21}{8}\,cm^2 : \frac{7}{4}\,cm = \frac{3}{2}\,cm$

c) $g = 2 \cdot \frac{15}{12}\,m^2 : \frac{5}{4}\,m = \frac{2 \cdot 15 \cdot 4}{12 \cdot 5}\,m = 2\,m$

19

a) $h = \frac{2}{15}\,dm^3 : \frac{8}{5}\,dm^2 = \frac{1}{12}\,dm$

b) $c = \frac{9}{20}\,m^3 : \left(\frac{6}{5}\,m \cdot \frac{4}{3}\,m\right) = \frac{9}{20}\,m^3 : \frac{8}{5}\,m^2 = \frac{9}{32}\,m$

20

a) $\frac{3}{2} : \frac{1}{4} = \frac{3}{2} \cdot 4 = 6$

b) $\frac{2}{3} : \frac{4}{1} = \frac{1}{6}$

21

a) $\frac{3}{4} : \frac{3}{2} = \frac{3}{4} \cdot \frac{2}{3} = \frac{1}{2}$
b) $\frac{2}{5}$
c) $\frac{1}{12}$
d) $\frac{80}{27}$
e) $\frac{6}{5}$

f) $\frac{2}{9}$
g) $\frac{8}{3}$
h) $\frac{2}{3}$
i) $\frac{8}{21}$

22

a) $2\frac{2}{3} \cdot 2\frac{1}{4} = \frac{\overset{2}{\cancel{8}}}{\underset{1}{\cancel{3}}} \cdot \frac{\overset{3}{\cancel{9}}}{\underset{1}{\cancel{4}}} = 6$

b) $2\frac{11}{12}$

c) $3\frac{3}{5}$

23

a) $\frac{125}{608}$ b) $\frac{25}{9} = 2\frac{7}{9}$ c) 6

24

Tipp: Berechne die Umkehraufgaben.

a) $\square = 5\frac{3}{5} : 2\frac{2}{5} = \mathbf{2\frac{1}{3}}$ b) $\frac{5}{7}$ c) $1\frac{3}{4}$ d) $3\frac{1}{3}$

25

a) 356,4 b) 41,4 c) 4850 d) 2300 e) 25 f) 548 450

26

a) 4,2605 b) 0,0054 c) 0,00541 d) 0,07159 e) 2,1 f) 0,098231

27

$0{,}52 \cdot 10 = 520 : 100$; $5{,}2 : 10 = 52 : 100$; $0{,}052 \cdot 1000 = 5{,}2 \cdot 10$

28

a) $0{,}63 \cdot \mathbf{1000} = 630$ b) $1{,}7 : \mathbf{100} = 0{,}017$ c) $\mathbf{7{,}2} : 100 = 0{,}072$

d) $0{,}646 \cdot \mathbf{10\,000} = 6460$ e) $0{,}45 : \mathbf{100} = 0{,}0045$ f) $\mathbf{0{,}0809} \cdot 100 = 8{,}09$

29

Die neue Zahl erhältst du einfacher, wenn du die ursprüngliche Zahl mit 10 multiplizierst, denn $: 10 : 100 \cdot 10\,000$ entspricht $\cdot 10\,000$.

30

Vergleiche die Lösung zu Aufgabe 29.

a) 652,6 b) 18 400 c) 0,07550108 d) 0,09203

31

a) 1,5 b) 0,84 c) 12,6

d) 0,060 e) 1,15 f) 0,08

g) 0,99 h) 0,56 i) 0,024

32

a)	b)	c)	d)	e)	f)
10,27763	138,0593	0,9796	234,938	5,21	7,632
Ü: $3 \cdot 4 = 12$	$60 \cdot 2 = 120$	$1 \cdot 1 = 1$	$6 \cdot 40 = 240$	$10 \cdot \frac{1}{2} = 5$	$16 \cdot \frac{1}{2} = 8$

33

Tipp: Zähle die Nachkommastellen ab.

a) $52{,}731 \cdot 13{,}2 = 696{,}0492$
b) $0{,}13 \cdot 93{,}124 = 12{,}10612$
c) $8{,}02 \cdot 6{,}639 = 53{,}24478$
d) $727{,}1 \cdot 93{,}01 = 67\,627{,}571$

34

a) richtig
b) $7{,}1 \cdot 10 = 71$
c) richtig
d) $0{,}2 \cdot 0{,}2 = 0{,}04$
e) richtig
f) $0{,}003 \cdot 3 = 0{,}009$

35

Hier gibt es viele individuelle Lösungen.

a) z.B. $5 \cdot 1{,}25$; $2{,}5 \cdot 2{,}5$; $12{,}5 \cdot 0{,}5$; $0{,}625 \cdot 10$
b) z.B. $0{,}62 \cdot 0{,}2$; $0{,}031 \cdot 4$; $0{,}0124 \cdot 10$

36

a) $A_{Rechteck} = 0{,}5\,m \cdot 0{,}85\,m = 0{,}425\,m^2$ ($= 42{,}5\,dm^2$)
b) $A_{Rechteck} = 12{,}58\,dm \cdot 27{,}7\,dm = 348{,}466\,dm^2$ ($= 3{,}48466\,m^2$)

37

a) $V = 22{,}5\,cm \cdot 14{,}5\,cm \cdot 3{,}5\,cm = 1141{,}875\,cm^3 \approx 1{,}1\,dm^3$
b) $V = 6337{,}5\,cm^3 \approx 6{,}3\,dm^3$
c) $V = 4375\,cm^3 \approx 4{,}4\,dm^3$
d) $V = 15\,000\,cm^3 = 15\,dm^3$
e) $V = 30\,000\,cm^3 = 30\,dm^3$
f) $V = 10\,500\,cm^3 = 10{,}5\,dm^3$

Es gilt: a) < c) < b) < f) < d) < e)

38

a) 0,03 b) 0,7 c) 0,22 d) 0,14 e) 0,003 f) 1,03 g) 0,7 h) 0,007

39

Hier musst du nicht jedes Mal neu rechnen, sondern nur jeweils das Komma richtig verschieben.

a) 85,2 b) 8,52 c) 0,852 d) 0,0852 e) 85,2 f) 8,52
g) 0,852 h) 0,0852 i) 8,52 j) 0,852 k) 0,0852 l) 0,00852

40

a) 5,98 b) 7,089 c) 2,84 d) 66,54 e) 0,704 f) 0,034 g) 18,213 h) 2,34

41

a) $30{,}32 : 8 = 3{,}97$
b) $41{,}25 : 3 = 13{,}75$
c) $6{,}828 : 12 = 0{,}569$
d) $32{,}2 : 5 = 6{,}44$
e) $110{,}432 : 7 = 15{,}776$
f) $64{,}98 : 9 = 7{,}22$

42

a) Jede Seite ist 5,79 m : 3 = 1,93 m lang.
b) Jede Seite ist 7,5 dm : 4 = 1,875 dm = 18,75 cm lang.

43

a) Eine Flasche kostet 4,68 € : 12 = 0,39 €.
b) Eine Flasche müsste 7,98 € : 6 = 1,33 € kosten.

44

Jeder Schüler bekommt 355 € : 32 ≈ 11,09 € zurück.

45

a) 50 b) 4 c) 8 d) 4 e) 3 f) 12 g) 30 h) 2200

46

a) 6,31 b) 14,57 c) 0,581 d) 25,2 e) 22,5 f) 10,023 g) 5,43 h) 0,369

47

a) 5 b) 23 c) 12,3

48

Berechne zuerst die Grundfläche, also $1{,}5\,\text{m} \cdot 0{,}6\,\text{m} = 0{,}9\,\text{m}^2$.
Wandle in dm^2 um: $0{,}9\,\text{m}^2 = 90\,\text{dm}^2$
Die Höhe des Wassers ist $800\,\text{dm}^3 : 90\,\text{dm}^2 = 8{,}9\,\text{dm} = 89\,\text{cm}$.

49

a) abbrechende Dezimalzahlen: $\frac{1}{4} = 0{,}25$; $\frac{3}{4} = 0{,}75$; $\frac{1}{8} = 0{,}125$; $\frac{3}{8} = 0{,}375$; $\frac{1}{5} = 0{,}2$
periodische Dezimalzahlen:
$\frac{1}{3} = 0{,}\overline{3}$; $\frac{1}{6} = 0{,}1\overline{6}$; $\frac{5}{6} = 0{,}8\overline{3}$; $\frac{1}{7} = 0{,}\overline{142857}$; $\frac{2}{7} = 0{,}\overline{285714}$; $\frac{1}{9} = 0{,}\overline{1}$
b) Brüche, deren Nenner nur durch 2, 4, 5 und 8 teilbar sind, sind abbrechend. Kommen andere Teiler im Nenner vor (insbesondere 3), so sind sie periodische Dezimalzahlen.

50

$0{,}375 = \frac{3}{8}$ (E); $0{,}\overline{1} = \frac{1}{9}$ (I); $0{,}8 = \frac{4}{5}$ (N); $0{,}\overline{6} = \frac{2}{3}$ (S); $0{,}\overline{3} = \frac{1}{3}$ (T); $0{,}1 = \frac{1}{10}$ (E); $0{,}08\overline{3} = \frac{1}{12}$ (I); $0{,}\overline{8} = \frac{8}{9}$ (N).

Das Lösungswort ist: EINSTEIN

51

a) $0,\overline{142857}$

b) $0,\overline{047619}$

c) $0,0\overline{285714}$

52

a) 6

b) 6

c) 4

53

Eine Periode kann bei einem Stammbruch maximal so lang sein wie die Zahl im Nenner – 1.

54

a) Addiere zu $\frac{3}{4}$ das Produkt aus $\frac{5}{4}$ und $\frac{1}{2}$. $\frac{3}{4}+\frac{5}{4}\cdot\frac{1}{2}=\frac{3}{4}+\frac{5}{8}=\frac{11}{8}$

b) Multipliziere die Summe aus $\frac{1}{5}$ und $\frac{3}{10}$ mit der Summe aus $\frac{5}{3}$ und $\frac{7}{4}$. Ergebnis: $\frac{41}{24}$

c) Addiere $\frac{3}{5}$ zu $\frac{3}{10}$, subtrahiere $\frac{1}{10}$ und addiere 2. Ergebnis: $\frac{14}{5}$

d) Multipliziere die Brüche $\frac{1}{8}$, $\frac{2}{5}$, $\frac{3}{2}$ und $\frac{5}{8}$. Ergebnis: $\frac{3}{64}$

e) Addiere zu 0,75 das Produkt aus 2 und der Summe aus 0,25 und 1,5. Ergebnis: 4,25

f) Addiere zu 10,9 den Quotienten aus 0,5 und 1,25. Ergebnis: 11,3

55

a) $\left(\frac{7}{10}-\frac{1}{5}\right)+\frac{9}{2}\cdot\frac{4}{15}=\frac{17}{10}$

b) $\left(\frac{1}{4}+\frac{5}{8}\right)-\frac{9}{20}:\frac{2}{5}=-\frac{1}{4}$

c) $5:8\cdot\left(\frac{7}{3}-\frac{4}{5}\right)=\frac{23}{24}$

56

a) $\frac{1}{4}\cdot\left(\frac{7}{10}-\frac{3}{10}\right)+\frac{9}{10}=1$

b) $\frac{2}{3}+3\cdot\left(\frac{3}{4}-\frac{1}{4}\right)=\frac{13}{6}$

c) $\left(\frac{5}{6}+\frac{1}{2}\right)\cdot\left(\frac{5}{4}-\frac{7}{8}\right)$

57

a) 2

b) 1

c) 3

58

a) $\frac{1}{4}+\frac{\overset{1}{\cancel{2}}}{\underset{1}{\cancel{3}}}\cdot\frac{\overset{\overset{1}{\cancel{2}}}{\cancel{6}}}{\underset{\underset{2}{\cancel{4}}}{\cancel{8}}}=\frac{1}{4}+\frac{1}{2}=\frac{3}{4}$

b) $\frac{\overset{4}{\cancel{20}}}{\underset{3}{\cancel{15}}}:\frac{5}{18}+\frac{1}{3}=\frac{4}{\underset{1}{\cancel{3}}}\cdot\frac{\overset{6}{\cancel{18}}}{5}+\frac{1}{3}=\frac{24}{5}+\frac{1}{3}=\frac{77}{15}$

59

a) $\frac{5}{8}\cdot\left(\frac{7}{3}-\frac{2}{7}\right)=\frac{5}{8}\cdot\frac{7}{3}-\frac{5}{8}\cdot\frac{2}{7}$

b) $4,9\cdot(1,7+2,8)=1,7\cdot4,9+2,8\cdot4,9$

c) $\frac{3}{8}\cdot\left(\frac{5}{11}-\frac{2}{9}\right)=\frac{3}{8}\cdot\frac{5}{11}-\frac{2}{9}\cdot\frac{3}{8}$

d) $5,7\cdot(3,5+2,5)=3,5\cdot5,7+2,5\cdot5,7$

60

a) $\frac{7}{6}$

b) $\frac{1}{3}$

c) $\frac{15}{4}$

d) 33

61

a) $\frac{4}{7}$ b) $\frac{1}{6}$ c) 10 d) 14,3

62

a) $\frac{7}{3}$ b) $\frac{1}{3}$ c) 2,25 d) 0,6 e) 1,5 f) 3,6

63

a) 10; 25; −5; 2,5; 1
b) 5; 11; −1; 2; $1\frac{2}{5}$
c) $\frac{1}{2}$; $\frac{5}{4}$; $-\frac{1}{4}$; $\frac{1}{8}$; $\frac{1}{20}$
d) 3; 4,5; $\frac{3}{2}$; $2\frac{1}{4}$; $2\frac{1}{10}$
e) 3,5; $4\frac{1}{4}$; $2\frac{3}{4}$; $3\frac{1}{8}$; $3\frac{1}{20}$
f) 24; 15; 33; 28,5; $29\frac{2}{5}$

64

a) a steht für das Alter von David.
b) x steht für die Zahl der Mädchen.
c) x steht für die Seitenlänge.
d) e steht für das Gewicht des Elefanten, w für den Wal.

65

a) z.B. $x = 2$ und $y = 6$; $x = 6$ und $y = 5$
b) Tanita hat es richtig gelöst. Sie hat $x = y$ gesetzt und das Verteilungsgesetz angewendet.

66

a) Jonas wird voraussichtlich $(200 + 180 + 13) : 2 = 196{,}5$, also 1,965 m groß.
b) Für Mädchen gilt: $(x + y - 13) : 2$; also wird Jasmin voraussichtlich 1,765 m groß.

67

a) $x - 5$ b) $\frac{1}{2}x + 2$ c) $\frac{1}{4}x \cdot 3 \left(= \frac{3}{4}x\right)$

68

a) $4x$
b) $4x + 3 \cdot 1{,}4 \cdot x = 4x + 4{,}2x$ $(= 8{,}2x)$

69

a) $20 + x$
b) $20 + 6 = 26$; $20 + 12 = 32$; $20 + 36 = 56$

70

a) ③; fehlender Wert: 9
b) ①; fehlender Wert: 17

71

a) $x + 2$
b) $3x + 2$

Test

1

a) 122,331
Ü: $70 \cdot 2 = 140$

b) 63 525,393
$500 \cdot 100 = 50\,000$

c) 17,3
$240 : 12 = 20$

d) 22,71
$69 : 3 = 23$ (je 1 P.)

2

a) $\frac{5}{16}$ b) $\frac{7}{27}$ c) $\frac{2}{3}$ d) $\frac{4}{3}$ (je 1 P.)

3

a) 3,5 b) 9,5 c) $\frac{5}{8}$ d) $\frac{4}{3}$ (je 1 P.)

4

a) $\frac{11}{30}$ b) $\frac{5}{2}$ c) $\frac{1}{2}$ d) 1,96

e) 11 f) 255 (je 1 P.)

5

Für die Berechnung der Grundfläche, der Höhe und den richtigen Lösungsweg gibt es jeweils 1 Punkt.

$A_{\text{Grundfläche}} = 0{,}8\,\text{m} \cdot 0{,}5\,\text{m} = 0{,}4\,\text{m}^2$

Höhe $= 0{,}16\,\text{m}^3 : 0{,}4\,\text{m}^2 = 0{,}4\,\text{m}$ (= 40 cm)

Das Wasser steht 0,4 m hoch.

6

Der Einkauf kostet: $2 \cdot 0{,}79\,€ + 2{,}5 \cdot 1{,}90\,€ + 4 \cdot 0{,}59\,€ + 2 \cdot 1{,}09\,€ = 10{,}87\,€$

Das Geld reicht also nicht. (3 P.)

19 – 24 Punkte	13 – 18 Punkte	7 – 12 Punkte	0 – 6 Punkte
Prima, du hast dieses Kapitel gut verstanden! Nun kannst du das nächste Kapitel üben.	Das klappt ja schon recht ordentlich! Du kannst vieles recht gut, aber es könnte auch besser sein. Wiederhole die Übungen nochmal, die dir die Checkliste nennt.	Einiges hast du schon ganz gut gelöst, insgesamt sind deine Lücken aber noch zu groß. Wiederhole die Übungen nochmal, die dir die Checkliste nennt.	Es gibt bei dir noch sehr viele Unsicherheiten. Du musst noch mehr üben! Wiederhole die Übungen nochmal, die dir die Checkliste nennt.

4 Rechnen mit negativen Brüchen

1

a) $\frac{3}{7}$ b) $-\frac{1}{4}$ c) $-\frac{2}{3}$ d) $\frac{3}{10}$

e) $\frac{4}{7}$ f) $-\frac{5}{8}$ g) $\frac{3}{1}=3$ h) $-\frac{2}{11}$

2

a) $-\frac{1}{4}$ b) $-\frac{4}{5}$ c) $\frac{2}{3}$ d) $-\frac{3}{4}$

e) $-\frac{1}{3}$ f) $-\frac{2}{7}$ g) $-\frac{9}{14}$ h) $\frac{5}{7}$

3

a) $-\frac{4}{8}$; $\frac{3}{8}$ b) $\frac{6}{9}$; $-\frac{2}{9}$ c) $-\frac{9}{24}$; $\frac{10}{24}$ d) $\frac{6}{8}$; $-\frac{5}{8}$

4

a) $-\frac{1}{2}<\frac{1}{4}$ b) $\frac{1}{2}>-\frac{1}{4}$ c) $-\frac{1}{2}<-\frac{1}{4}$ d) $0>-\frac{8}{7}$

5

a) $\frac{6}{4}+\frac{3}{4}=\frac{9}{4}$, also $-\frac{9}{4}$

b) $\frac{5}{20}-\frac{4}{20}=\frac{1}{20}$, also $-\frac{1}{20}$

c) $\frac{15}{6}-\frac{4}{6}=\frac{11}{6}$, also $\frac{11}{6}$

d) $\frac{9}{10}+\frac{2}{10}=\frac{11}{10}$, also $-\frac{11}{10}$

e) $\frac{16}{11}-\frac{5}{11}=\frac{11}{11}=1$, also -1

f) $\frac{3}{4}-\frac{3}{4}=0$

g) $\frac{4}{40}+\frac{35}{40}=\frac{39}{40}$, also $-\frac{39}{40}$

h) $\frac{6}{11}-\frac{2}{11}=\frac{4}{11}$, also $\frac{4}{11}$

6

+	$\frac{1}{2}$	$\frac{2}{3}$	$\frac{3}{4}$	$\frac{5}{8}$
$-\frac{8}{5}$	$-\frac{11}{10}$	$-\frac{14}{15}$	$-\frac{17}{20}$	$-\frac{39}{40}$
$-\frac{9}{2}$	-4	$-\frac{23}{6}$	$-\frac{15}{4}$	$-\frac{31}{8}$
$-\frac{6}{10}$	$-\frac{1}{10}$	$\frac{1}{15}$	$\frac{3}{20}$	$\frac{1}{40}$
$-\frac{5}{6}$	$-\frac{1}{3}$	$-\frac{1}{6}$	$-\frac{1}{12}$	$-\frac{5}{24}$

7

$-$	$\frac{3}{2}$	$\frac{8}{3}$	$\frac{3}{4}$	$\frac{11}{8}$
$-\frac{1}{5}$	$-\frac{17}{10}$	$-\frac{43}{15}$	$-\frac{19}{20}$	$-\frac{63}{40}$
$\frac{5}{6}$	$-\frac{2}{3}$	$-\frac{11}{6}$	$\frac{1}{12}$	$-\frac{13}{24}$
$-\frac{3}{8}$	$-\frac{15}{8}$	$-\frac{73}{24}$	$-\frac{9}{8}$	$-\frac{7}{4}$
$-\frac{7}{12}$	$-\frac{25}{12}$	$-\frac{39}{12}$	$-\frac{4}{3}$	$-\frac{47}{24}$

8

Wenn du rückwärts rechnest, kannst du die Lösung leichter finden.

a) $\frac{3}{8}+\frac{1}{3}=\boxed{\frac{17}{24}}$
b) $1-\frac{3}{2}=\boxed{-\frac{1}{2}}$
c) $\frac{27}{28}+\frac{9}{7}=\boxed{\frac{9}{4}}$
d) $-\frac{12}{18}-\frac{3}{16}=\boxed{-\frac{41}{48}}$
e) $\frac{15}{56}-\frac{7}{8}=\boxed{-\frac{17}{28}}$
f) $-\frac{17}{30}-\frac{5}{6}=\boxed{-\frac{7}{5}}$

9

a) $-\frac{1}{6}$
b) $\frac{1}{14}$
c) $-\frac{1}{4}$
d) $-\frac{6}{35}$
e) $\frac{4}{3}\cdot\frac{2}{5}=\frac{8}{15}$
f) $-\frac{4}{10}\cdot\frac{15}{8}=-\frac{3}{4}$
g) $-\frac{3}{2}\cdot\frac{4}{5}=-\frac{6}{5}$
h) $\frac{6}{8}\cdot\frac{4}{3}=1$

10

$\cdot$	$-\frac{1}{2}$	$\frac{2}{3}$	$-\frac{3}{4}$	$\frac{5}{8}$
$-\frac{8}{5}$	$\frac{4}{5}$	$-\frac{16}{15}$	$\frac{6}{5}$	-1
$\frac{9}{2}$	$-\frac{9}{4}$	3	$-\frac{27}{8}$	$\frac{45}{16}$
$-\frac{6}{10}$	$\frac{3}{10}$	$-\frac{2}{5}$	$\frac{9}{20}$	$-\frac{3}{8}$
$-\frac{5}{6}$	$\frac{5}{12}$	$-\frac{5}{9}$	$\frac{5}{8}$	$-\frac{25}{48}$

11

$:$	$\frac{3}{2}$	$\frac{8}{3}$	$\frac{3}{4}$	$\frac{11}{8}$
$-\frac{1}{5}$	$-\frac{2}{15}$	$-\frac{3}{40}$	$-\frac{4}{15}$	$-\frac{8}{55}$
$\frac{5}{6}$	$\frac{5}{9}$	$\frac{5}{16}$	$\frac{10}{9}$	$\frac{20}{33}$
$-\frac{3}{8}$	$-\frac{1}{4}$	$-\frac{9}{64}$	$-\frac{1}{2}$	$-\frac{3}{11}$
$\frac{2}{9}$	$\frac{4}{27}$	$\frac{1}{12}$	$\frac{8}{27}$	$\frac{16}{99}$

12

a) $\frac{4}{15} : \left(-\frac{2}{6}\right) = -\frac{4}{15} \cdot \frac{6}{2} = \boxed{-\frac{4}{5}}$

b) $-\frac{5}{6} : \frac{2}{3} = -\frac{5}{6} \cdot \frac{3}{2} = \boxed{-\frac{5}{4}}$

c) $-\frac{5}{9} : \frac{5}{6} = -\frac{5}{9} \cdot \frac{6}{5} = \boxed{-\frac{2}{3}}$

d) $-\frac{8}{10} : 2 = \boxed{-\frac{2}{5}}$

e) $-\frac{4}{5} \cdot \frac{15}{14} = \boxed{-\frac{6}{7}}$

f) $-\frac{5}{8} \cdot \frac{4}{3} = \boxed{-\frac{5}{6}}$

13

a) $-\frac{1}{2} - \frac{1}{4} = -\frac{3}{4}$

b) $-\frac{3}{4} - \frac{5}{8} = -\frac{11}{8}$

c) $-\frac{3}{10} + \frac{6}{10} - \frac{1}{10} = \frac{2}{10} = \frac{1}{5}$

d) $-\frac{1}{10} \cdot \left(-\frac{1}{12}\right) = \frac{1}{120}$

e) $\frac{3}{10} - \frac{1}{2} \cdot \frac{4}{5} = \frac{3}{10} - \frac{2}{5} = -\frac{1}{10}$

f) $-\frac{3}{5} + \frac{1}{10} = -\frac{1}{2}$

g) $-\frac{42}{3} \cdot \frac{3}{21} \cdot \frac{5}{7} = -\frac{10}{7}$

h) $\frac{5}{8} \cdot \left(-\frac{23}{15}\right) = -\frac{23}{24}$

i) $-\frac{3}{5} \cdot \left(-\frac{5}{8}\right) = \frac{3}{8}$

14

a) $-\frac{5}{4} \cdot \frac{2}{5} - \frac{5}{4} \cdot \frac{8}{15} = \frac{1}{2} - \frac{2}{3} = -\frac{1}{6}$

b) $-\frac{1}{2} \cdot \frac{4}{3} + \frac{1}{2} \cdot \frac{2}{3} = -\frac{2}{3} + \frac{1}{3} = -\frac{1}{3}$

c) $-5 \cdot \frac{7}{10} - 5 \cdot \frac{1}{20} = -\frac{7}{2} - \frac{1}{4} = -\frac{15}{4}$

d) $8 \cdot (-5) - 8 \cdot \frac{7}{8} = -40 - 7 = -47$

e) $-\frac{1}{2} \cdot \frac{1}{2} - \frac{2}{3} \cdot \frac{1}{2} = -\frac{1}{4} - \frac{1}{3} = -\frac{7}{12}$

f) $-\frac{2}{5} \cdot \left(-\frac{5}{6}\right) + \frac{2}{5} \cdot \frac{5}{9} = \frac{2}{6} + \frac{2}{9} = \frac{5}{9}$

15

a) Punkt vor Strich und Minus nicht beachtet.

$-\frac{1}{4} + \frac{2}{3} \cdot \frac{6}{8} = -\frac{1}{4} + \frac{2}{4} = \frac{1}{4}$

b) Falsch gekürzt; beim Dividieren wurde nicht mit dem Kehrbruch multipliziert und Minus an die falsche Stelle gesetzt.

$-\frac{20}{15} : \frac{5}{18} + \frac{1}{3} = -\frac{4}{\cancel{3}_{1}} \cdot \frac{\cancel{18}^{6}}{5} + \frac{1}{3}$

$= -\frac{24}{5} + \frac{1}{3} = \frac{-72 + 5}{15}$

$= -\frac{67}{15}$

Test

1

☒ $\frac{9}{-15}$ ☐ $\frac{-6}{-10}$ ☒ $\frac{-12}{20}$ ☒ $-\frac{-3}{-5}$ (je 1 P.)

2

a) $-\frac{3}{4}$ b) $\frac{4}{25}$ (je 2 P.)

3

a) $-\frac{5}{24}$ b) $-\frac{11}{16}$ c) $-\frac{1}{3}$ d) $-\frac{3}{2}$ (je 1 P.)

4

Ist die jeweilige Rechnung richtig oder falsch? Kreuze an.

	richtig	falsch
a) $-\frac{5}{12}\cdot\left(-\frac{8}{25}\right)=\frac{2}{15}$	☐	☒
b) $-\frac{1}{9}:\frac{8}{3}=-\frac{1}{9}\cdot\frac{3}{8}=-\frac{1}{24}$	☒	☐
c) $\frac{10}{9}:\left(-\frac{5}{3}\right)=-\frac{2}{3}$	☒	☐
d) $-\frac{4}{10}\cdot\left(-\frac{15}{8}\right)=\frac{3}{4}$	☒	☐

(je 1 P.)

5

a) $-\frac{1}{6}-\frac{10}{3}=-\frac{21}{6}=-\frac{7}{2}$ b) $-\frac{3}{10}:\frac{3}{8}=-\frac{3}{10}\cdot\frac{8}{3}=-\frac{4}{5}$ (je 2 P.)

16–20 Punkte	10–15 Punkte	5–9 Punkte	0–4 Punkte
Prima, du hast dieses Kapitel gut verstanden! Nun kannst du das nächste Kapitel üben.	Das klappt ja schon recht ordentlich! Du kannst vieles recht gut, aber es könnte auch besser sein. Wiederhole die Übungen nochmal, die dir die Checkliste nennt.	Einiges hast du schon ganz gut gelöst, insgesamt sind deine Lücken aber noch zu groß. Wiederhole die Übungen nochmal, die dir die Checkliste nennt.	Es gibt bei dir noch sehr viele Unsicherheiten. Du musst noch mehr üben! Wiederhole die Übungen nochmal, die dir die Checkliste nennt.

5 Kreise und Winkel

1
Überprüfe deine Kreise selbst.

a) d = 8 cm b) d = 74 mm = 7,4 cm c) r = 8,6 cm d) r = 5,8 cm

2
a) r = 2,5 cm b) r = 24 mm = 2,4 cm c) r = 3,6 cm d) r = 5,3 cm

3
(8 | 4); (5 | 7); (2 | 4); (5 | 1)

4
a) –

b) $\overline{MA} \approx 3{,}2\,\text{cm}$; $\overline{MB} \approx 2{,}2\,\text{cm}$; $\overline{MC} \approx 2{,}2\,\text{cm}$; $\overline{MD} \approx 5\,\text{cm}$

5
a) Düsseldorf, Bonn b) Wesel, Dortmund c) Gütersloh

6
a) M(3 | 4)

b) Die vier Punkte bilden die Eckpunkte eines Rechtecks. Der Mittelpunkt des Kreises, der durch diese Eckpunkte geht, ist der Schnittpunkt der Diagonalen.

7
–

8
a) Die Abbildung bei der Aufgabe zeigt dir, wie du die Figur konstruieren musst.

b) Du erhältst diesen Stern:

9

Bei vielen der Teilkreise erkennst du aus der Abb., wo du den Zirkel einstechen musst, z. B. in den Eckpunkten des Quadrats. In anderen Fällen musst du es praktisch ausprobieren.

10

–

11

a), b)

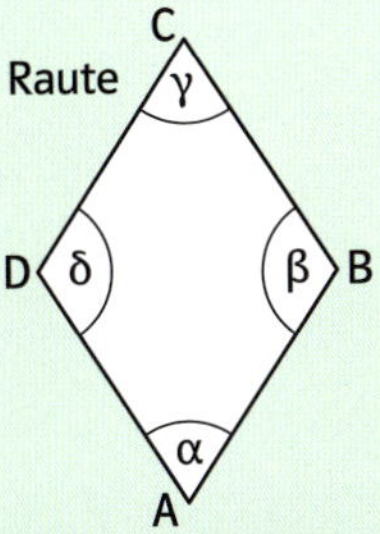

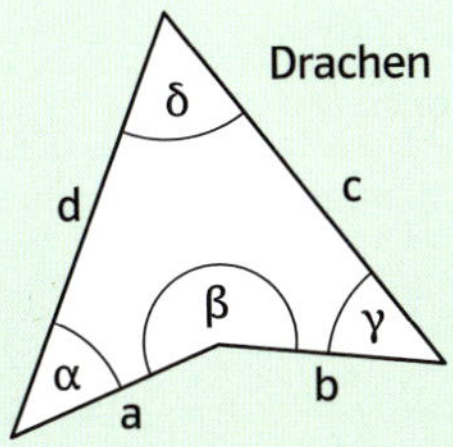

12

a) α: 43 kg; β: 67 kg; γ: 109 kg

b)

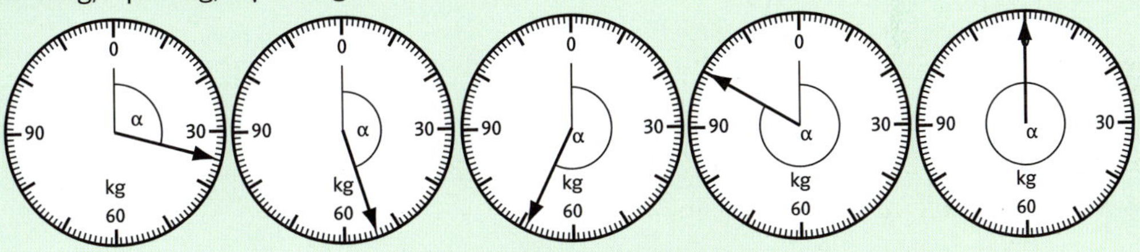

13

a)

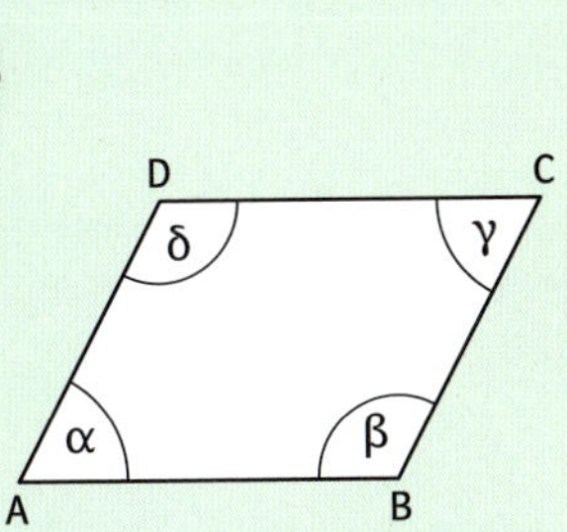

α und γ sind spitze Winkel,
β und δ sind stumpfe Winkel.

b)

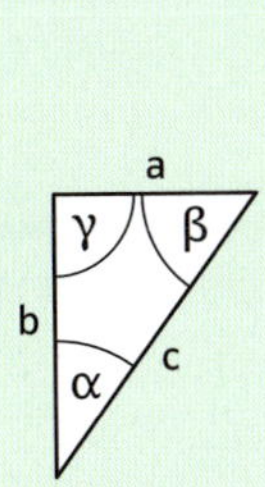

α und β sind spitze Winkel,
γ ist ein rechter Winkel.

14

α: überstumpf; β: überstumpf; γ: stumpf; γ < α < β

15

a) ① drei spitze Winkel; ② α und β spitze; γ rechter Winkel;
③ α stumpfer, β und γ spitze Winkel

b) Ein Dreieck besteht entweder aus drei **spitzen** Winkeln oder aus zwei **spitzen** Winkeln und einem **rechten** Winkel oder aus zwei **spitzen** und einem **stumpfen** Winkel.

16

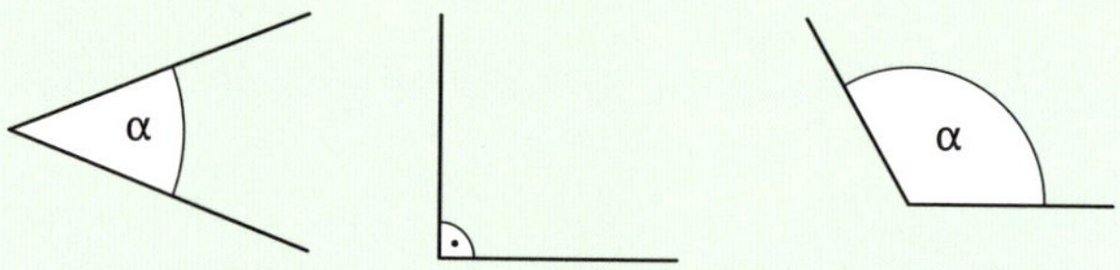

Winkelgröße	**$0° < \alpha < 90°$**	**$\alpha = 90°$**	**$90° < \alpha < 180°$**
Winkelart	spitz	rechter Winkel	**stumpf**

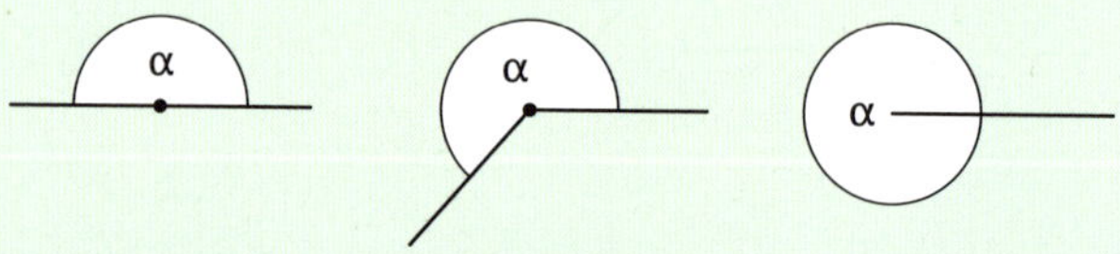

Winkelgröße	$\alpha = 180°$	$180° < \alpha < 360°$	**$\alpha = 360°$**
Winkelart	**gestreckt**	**überstumpf**	Vollwinkel

17

$\alpha = 70°$; $\beta = 150°$; $\gamma = 135°$; $\delta = 270°$; $\varepsilon = 30°$; $\zeta = 211°$; $\nu = 24°$; $\mu = 250°$; $\omega = 120°$

18

$\alpha = 50°$; $\beta = 125°$; $\gamma = 210°$; $\delta = 295°$

19

a) Spieler B

b) Wenn der Torwart dem Spieler mit dem Ball entgegenläuft, wird der Winkel für einen Torschuss immer enger („verkürzt").

20

a) Stickstoff: 281°; Sauerstoff: 76°; Edelgase und Kohlendioxid: 3°

b) Stickstoff: $\frac{281}{360} \approx 78\,\%$; Sauerstoff: $\frac{76}{360} = \frac{19}{90} \approx 21\,\%$; Edelgase und Kohlendioxid: $\frac{3}{360} = \frac{1}{120} \approx 1\,\%$

21

$\alpha \approx 5°$; $\beta \approx 14°$

22

Kontrolliere dich selbst oder bitte einen Mitschüler um Prüfung.

23

a) spitz

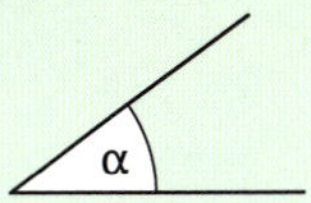

b) spitz

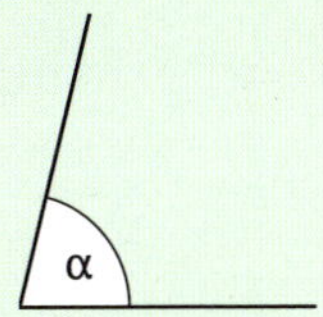

c) stumpf

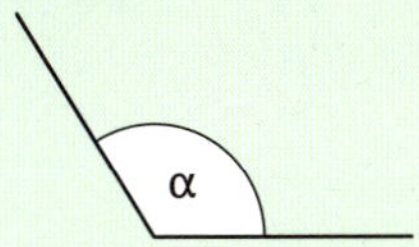

d) überstumpf

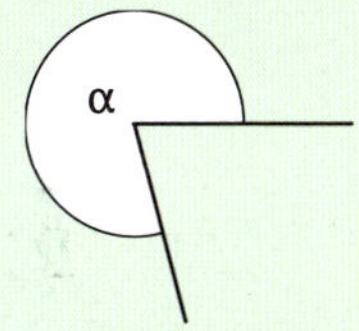

e) spitz

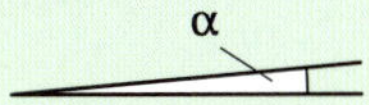

f) überstumpf

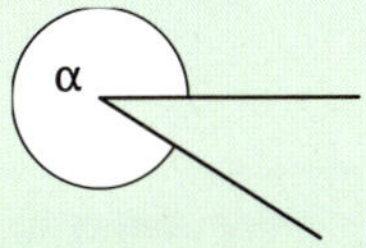

g) spitz

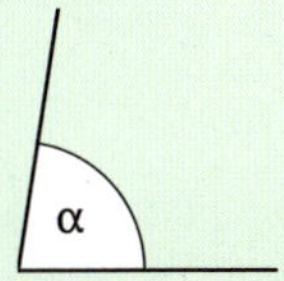

h) spitz

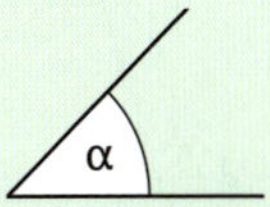

24

a)

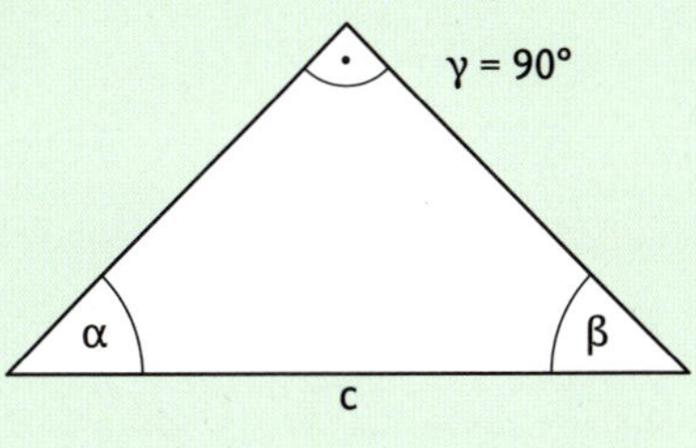

b)

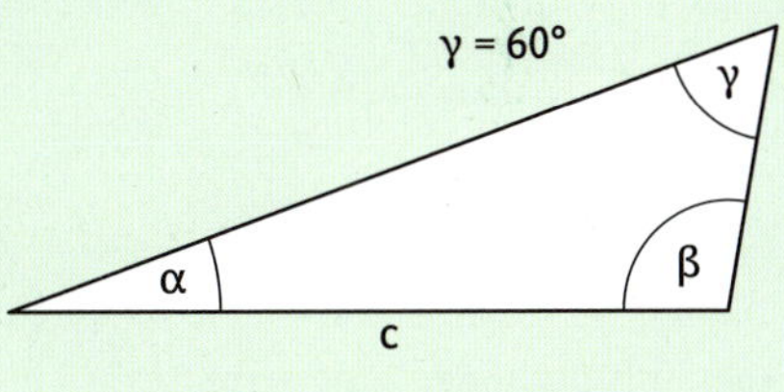

c)

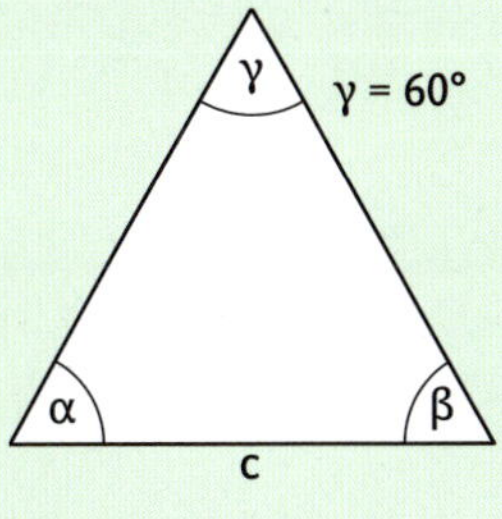

Alle Winkel sind zusammen 180° groß.
Es gilt also: $\alpha + \beta + \gamma = 180°$.

25

① 70° nach links ② 35° nach links ③ 17° nach rechts ④ 85° nach rechts

Eine Abbweichung deiner Messung um ein oder zwei Grad von diesen Werten kannst du als normal betrachten.

26

a) $\varepsilon = 82°$

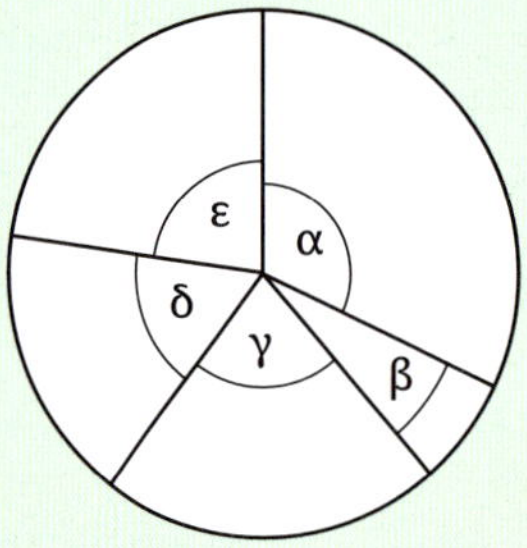

b) $\varepsilon = 50°$

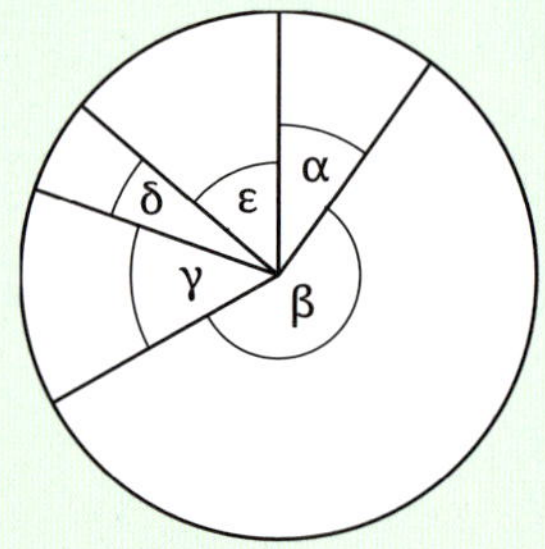

27

a)

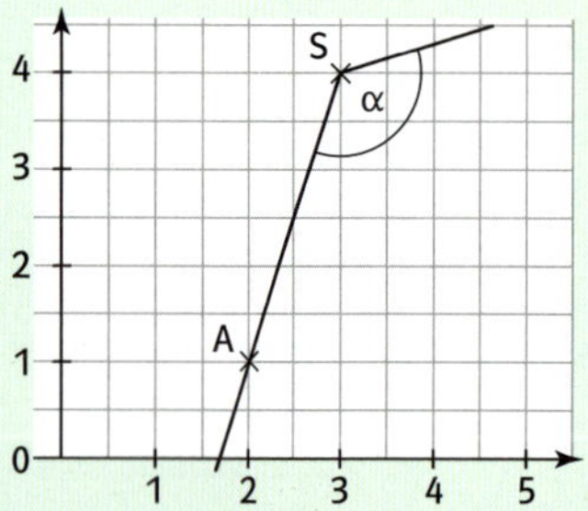

b)

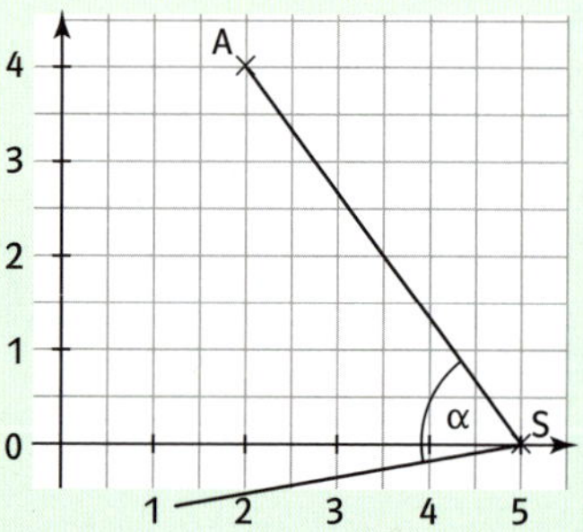

28

a)

b) $\alpha \approx 4{,}5°$

29

a) $\alpha = 42°$; $\delta = \beta = 180° - 42° = 138°$

b) $\gamma = 83°$; $\beta = 34°$; $\alpha = \delta = 180° - 83° - 34° = 63°$

30

$\gamma = 133°$; $\beta = \delta = 180° - 133° = 47°$

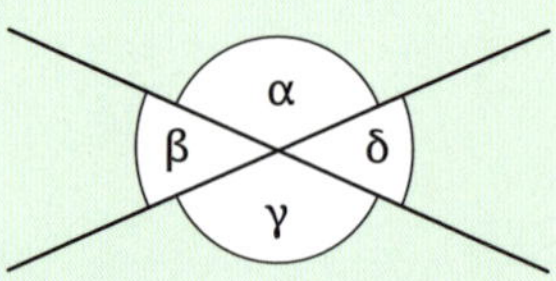

31

a)

α	18°	55°	90°	116°	163°
β	162°	125°	90°	64°	17°

b) Da α und β Nebenwinkel sind, ist der Scheitelwinkel von β so groß wie α, also 48°.

32

a) Stimmt. Bei zwei sich schneidenden Geraden gibt es zwei gleiche Paare von Nebenwinkeln. Ist ein Winkel 90°, so ist auch sein Nebenwinkel 90° und somit auch die beiden anderen Winkel.

b) Nebenwinkel sind zusammen 180°. Da ein spitzer Winkel jedoch kleiner als 90° ist, können zwei Nebenwinkel nie spitzwinklig sein.

33

a) $\alpha_2 = \alpha_1 = \gamma_2 = \gamma_1 = 58°$; $\beta_1 = \beta_2 = \delta_1 = \delta_2 = 180° - 58° = 122°$

b) $\beta_1 = \beta_2 = \delta_1 = \delta_2 = 117°$; $\alpha_1 = \alpha_2 = \gamma_1 = \gamma_2 = 180° - 117° = 63°$

c) $\beta_1 = \beta_2 = \delta_1 = \delta_2 = 150°$; $\alpha_1 = \alpha_2 = \gamma_1 = \gamma_2 = 180° - 150° = 30°$

34

Abbildungen sind verkleinert; achte darauf, dass der markierte Winkel etwa gleich groß ist.

a)

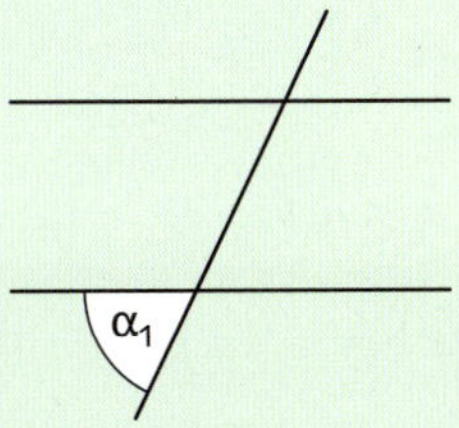

b)

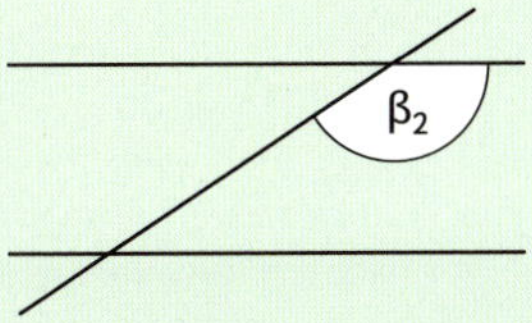

c)

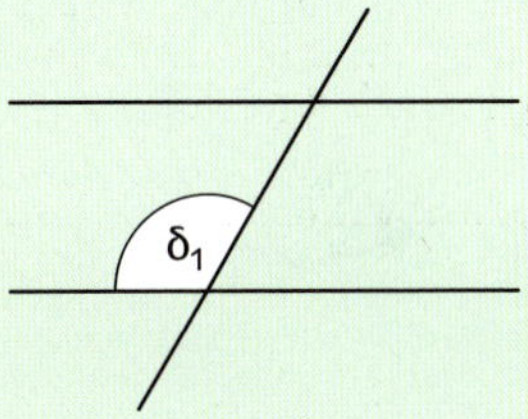

35

$\alpha = 115°$; $\gamma = 115°$; $\delta = 180° - 115° = 65°$

36

a) β und δ sind Wechselwinkel, also gleich groß. Ebenso sind α_1 und γ_1 wie auch α_2 und γ_1 Wechselwinkel, also gilt $\alpha_1 = \gamma_2$ und $\alpha_2 = \gamma_1$.

b) $\beta = \delta = 100°$; $\alpha_1 = 34° = \gamma_2$; $\alpha_2 = \gamma_1 = 180° - 34° = 146°$

Test

1

Du kannst z. B. die Winkel von der Spitze ausgehend mit α, β usw. bezeichnen. Dann ist α ein spitzer Winkel (60°), β ein stumpfer (150°). Die weiteren Winkel haben die Werte 210°, 150°, 30°, 240°, 240° 30°, 150°, 210°, 150°.

2

a) Es handelt sich um eine Raute. b) $\alpha = 74°$; $\delta = 106°$ (je 2 P.)

3

(1 | 3); (7 | 3); (4 | 0); (4 | 6) (je 1 P.)

4

Der letzte Auschnitt hat den Winkel
360° - 75° - 38° - 192° - 13° = 42°.

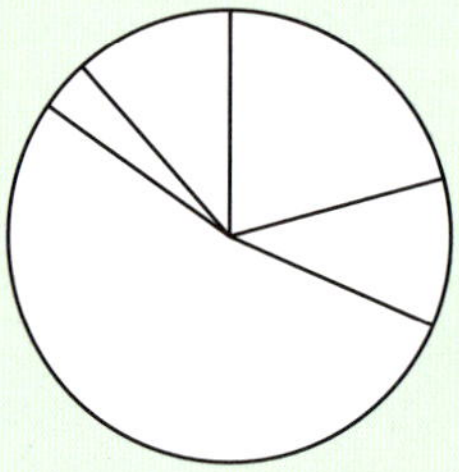

5

a)

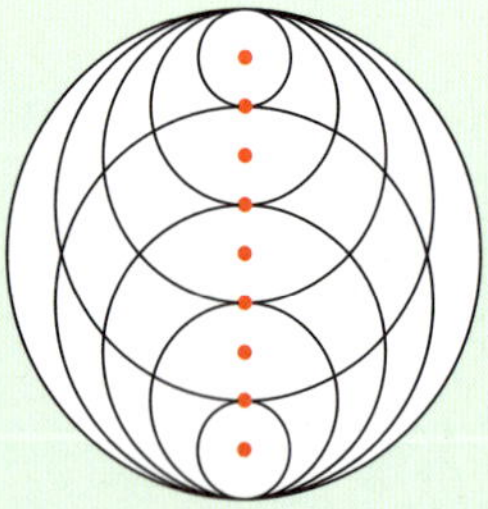

b) Für dieses Mandala benötigt man fünf verschiedene Radien.

(je 1 P.)

6

a) $\gamma = \alpha = 37°$, weil Scheitelwinkel; $\beta = \delta = 180° - 37° = 143°$, da Nebenwinkel von α

b) $\gamma = 62°$, weil Wechselwinkel; $\alpha = \gamma = 62°$, da Stufenwinkel;
$\delta = 180° - \gamma = 118°$, da Nebenwinkel (je 3 P.)

19 – 24 Punkte	13 – 18 Punkte	7 – 12 Punkte	0 – 6 Punkte
Prima, du hast dieses Kapitel gut verstanden! Nun kannst du das nächste Kapitel üben.	Das klappt ja schon recht ordentlich! Du kannst vieles recht gut, aber es könnte auch besser sein. Wiederhole die Übungen nochmal, die dir die Checkliste nennt.	Einiges hast du schon ganz gut gelöst, insgesamt sind deine Lücken aber noch zu groß. Wiederhole die Übungen nochmal, die dir die Checkliste nennt.	Es gibt bei dir noch sehr viele Unsicherheiten. Du musst noch mehr üben! Wiederhole die Übungen nochmal, die dir die Checkliste nennt.

6 Daten erfassen, darstellen und interpretieren

1

Sportart	Fußball	Tischtennis	Basketball	Turnen	Sonstiges
Anzahl	**25**	**12**	**15**	**6**	**2**
Anteil	$\frac{25}{60} = \frac{5}{12}$	$\frac{12}{60} = \frac{1}{5}$	$\frac{15}{60} = \frac{1}{4}$	$\frac{6}{60} = \frac{1}{10}$	$\frac{2}{60} = \frac{1}{30}$
Prozent	**≈ 41,7 %**	**20 %**	**25 %**	**10 %**	**≈ 3,3 %**

2

Hobby	Lesen	Computer	Sport	Fernsehen	Sonstiges
Anzahl	**6**	**12**	**8**	**5**	**1**
Anteil	$\frac{6}{32} = \frac{3}{16}$	$\frac{3}{8} = \frac{12}{32}$	$\frac{1}{4} = \frac{8}{32}$	$\frac{5}{32}$	$\frac{1}{32}$
Prozent	**18,75 %**	**37,5 %**	**25 %**	**15,625 %**	**3,125 %**

3

Summe	2	3	4	5	6	7	8	9	10	11	12
Anzahl	**11**	**25**	**34**	**48**	**62**	**84**	**59**	**39**	**21**	**15**	**2**
Anteil	$\frac{11}{400}$	$\frac{25}{400}$	$\frac{34}{400}$	$\frac{48}{400}$	$\frac{62}{400}$	$\frac{84}{400}$	$\frac{59}{400}$	$\frac{39}{400}$	$\frac{21}{400}$	$\frac{15}{400}$	$\frac{2}{400}$
Prozent	**2,75 %**	**6,25 %**	**8,5 %**	**12 %**	**15,5 %**	**21 %**	**12,25 %**	**9,75 %**	**5,25 %**	**3,75 %**	**0,5 %**
berechnete Wahrscheinlichkeit	$\frac{1}{36} \approx$ 2,8 %	$\frac{2}{36} \approx$ 5,6 %	$\frac{3}{36} \approx$ 8,3 %	$\frac{4}{36} \approx$ 11,1 %	$\frac{5}{36} \approx$ 13,9 %	$\frac{6}{36} \approx$ 16,7 %	$\frac{5}{36} \approx$ 13,9 %	$\frac{4}{36} \approx$ 11,1 %	$\frac{3}{36} \approx$ 8,3 %	$\frac{2}{36} \approx$ 5,6 %	$\frac{1}{36} \approx$ 2,8 %

4

a) Spannweite: $21 - 0 = 21$

Zentralwert: 7

Mittelwert: $\frac{0+2+2+3+5+6+7+8+8+10+15+20+21}{13} \approx 8{,}23$

b) Spannweite: $6 - 0 = 6$

Zentralwert: $\frac{2+2}{2} = 2$

Mittelwert: $0+0+0+1+1+2+2+2+5+6+6+6+6+6 \approx 3{,}07$

5

a) + b)

Jonas: − 10; − 10; 7; 7; 7; 8; 8; 8; 8; 8; 8; 8; 10; 10; 10; 10; 10; 10
Spannweite: 10 − (− 10) = 20
Zentralwert: 8

	− 10	7	8	10
Anzahl	2	3	7	6
rel. Häufigkeit	$\frac{2}{18} = \frac{1}{9}$	$\frac{3}{18}$	$\frac{7}{18}$	$\frac{6}{18} = \frac{1}{3}$

Jasmin: − 10; − 10; − 10; 7; 7; 7; 7; 7; 7; 7; 7; 8; 8; 8; 10; 10; 10; 10
Spannweite: 10 − (− 10) = 20
Zentralwert: 7

	− 10	7	8	10
Anzahl	3	8	3	4
rel. Häufigkeit	$\frac{3}{18} = \frac{1}{6}$	$\frac{8}{18} = \frac{4}{9}$	$\frac{3}{18}$	$\frac{4}{18} = \frac{2}{9}$

c) Mittelwert Jonas: $\frac{2 \cdot (-10) + 3 \cdot 7 + 7 \cdot 8 + 6 \cdot 10}{18} = 6{,}5$

Mittelwert Jasmin: $\frac{3 \cdot (-10) + 8 \cdot 7 + 3 \cdot 8 + 4 \cdot 10}{18} = 5$

6

a) 1; 1; 1; 1; 1; 1; 1; 1; 1; 1; 1; 1; 1; 1; <u>1</u>; <u>2</u>; 2; 2; 2; 2; 2; 2; 2; 2; 3; 3; 4; 5
Spannweite: 5 − 1 = 4
Zentralwert: $\frac{1 + 2}{2} = 1{,}5$

b)

	1	2	3	4	5
Anzahl	15	9	2	1	1
rel. Häufigkeit	$\frac{15}{28}$	$\frac{9}{28}$	$\frac{2}{28}$	$\frac{1}{28}$	$\frac{1}{28}$

c) Mittelwert: ≈ 1,71

d) Zentralwert: Etwa die Hälfte der Schüler hat nur ein Kind in der Familie (sind also Einzelkinder), die andere Hälfte hat (mind. ein) Geschwister.
Mittelwert: Im Schnitt hat jede Familie etwa 1,7 Kinder.

7

a) Buch 1: 2; 2; 2; 2; 2; 2; 2; 2; 2; 2; 2; 3; 3; 3; 3; 3; 3; 3; 3; 3; 4; 4; 4; 4; 4; 4

Spannweite: 4 - 2 = 2

Zentralwert: 3

Buch 2: 1; 1; 1; 1; 1; 1; 1; 1; 2; 2; 2; 2; 2; 2; 2; 2; 2; 2; 2; 3; 3; 3; 3; 3; 3; 3;

Spannweite: 3 - 1 = 2

Zentralwert: 2

b) Mittelwert Buch 1: $\frac{11 \cdot 2 + 9 \cdot 3 + 6 \cdot 4}{26} \approx 2{,}81$

Mittelwert Buch 2: $\frac{8 \cdot 1 + 11 \cdot 2 + 7 \cdot 3}{26} \approx 1{,}9$

c) Bei beiden Büchern sind sich die Schüler relativ einig, das zeigt die kleine Spannweite. Buch 2 wird aufgrund des besseren Mittelwerts und des Zentralwerts deutlich besser bewertet. Mehr als die Hälfte der Schüler bewertet das Buch 2 mit 2 oder besser.

8

a) Toilettenspülung: $\frac{112°}{360°} \approx 0{,}31 \approx 31\%$. Dies entspricht $\frac{31}{100} \cdot 150\,l$, also etwa 46,5 l.

Geschirr spülen: $\frac{25°}{360°} \approx 7\%$, also etwa 10,5 l

Trinken, Kochen: $\frac{11°}{360°} \approx 3\%$, also etwa 4,5 l

Baden, Duschen: $\frac{97°}{360°} \approx 27\%$, also etwa 40,5 l

Körperpflege: $\frac{25°}{360°} \approx 7\%$, also etwa 10,5 l

Wäsche waschen: $\frac{50°}{360°} \approx 14\%$, also etwa 21 l

Wohnungsreinigung: $\frac{14°}{360°} \approx 4\%$, also etwa 6 l

Sonstiges: $\frac{25°}{360°} \approx 7\%$, also etwa 10,5 l

b) Um den Wasserverbrauch zu verringern, kann man beispielsweise bei der Toilettenspülung die Stopp-Taste drücken oder beim Duschen während des Einseifens das Wasser ausstellen.

9

a) Innerhalb des ersten Jahres nimmt die Artenzahl ständig zu. Am Ende des Jahres hat sich die Artenzahl fast vervierfacht.

b) Als der Teich angelegt wurde, hat die Umwelt-AG den Teich mit sechs Pflanzenarten besiedelt.

c) Nach einem halben Jahr gab es 14, nach einem ganzen Jahr sogar 23 Pflanzenarten.

10

a) Nach ca. 5 - 6 Tagen bricht die Krankheit aus.

b) Nach etwa 21 Tagen beginnt die Phase der Gesundung.

c) Am 12. Tag ist das Fieber mit 40,4° C am höchsten.

11

a) steht für 1 Milliarde, für 100 Millionen Einwohner

b) Deutschland ; USA ; Indien ; Indonesien

12

a) Das Diagramm vermittelt den Eindruck, dass sich von November bis Januar die Arbeitslosenzahl etwa vervierfacht hat, was natürlich nicht stimmt. Der Eindruck entsteht, weil die Nulllinie der Grafik bei 2,2 Millionen Arbeitslosen liegt und dadurch geringe Änderungen große Unterschiede in der Höhe der Säulen bewirken.

b) Den Höchststand hatten die Arbeitslosenzahlen im Februar mit etwa 3,2 Mio. Danach ging die Arbeitslosenzahl zurück bis zum Tiefstand im November mit ungefähr 2,25 Mio. Arbeitslosen. Im Winter stiegen die Arbeitslosenzahlen wieder an auf etwas mehr als 2,5 Mio. Arbeitslose im Jan. Das waren aber noch etwas weniger Arbeitslose als im selben Monat des Vorjahres.

13

Frau Müller analysiert, dass die Arbeitslosenquote kaum gesunken ist. Sie wird deshalb das 2. Diagramm verwenden. Um eine drastische Senkung der Arbeitslosenzahlen zu veranschaulichen, wird Herr Maier Diagramm 1 verwenden. Die Diagramme unterscheiden sich in der Höhe der Nulllinie.

14

Hier siehst du die zu den Hobbys gehörigen Winkelweiten. Damit kannst du dein Kreisdiagramm selbst kontrollieren.

Lesen: ≈ 68°; Computer: 135°; Sport: 90°; Handy: ≈ 56°; Sonstiges: 11°

15

Das Säulendiagramm kannst du gut zeichnen, wenn du die Anzahl in mm abträgst.
Dementsprechend ist die Säule für die Augensumme 2 11 mm = 1,1 cm hoch.

16

Mit diesen Winkelweiten kannst du dein Kreisdiagramm kontrollieren:

A: 140°; B: 138°; C: 19°; D: 17°; E: 29°; F: 10°

17

Hier bietet es sich an, für 10 m Gebäudehöhe 2 mm = 0,2 cm im Säulendiagramm zu wählen. Multipliziere also die Höhe mit 2 und verschiebe das Komma um zwei Stellen nach links. Du erhältst die Höhe der Säulen in cm.

Cheops-Pyramide ≈ 2,7 cm; Empire State Building ≈ 7,6 cm; Petronas Twin Towers ≈ 9 cm; Eiffelturm ≈ 6 cm; CN Tower ≈ 11,1 cm; Ulmer Münster ≈ 3,2 cm

18

Mit diesen Winkelweiten kannst du dein Kreisdiagramm kontrollieren:
Wasser: 216°; Eiweiß: 72°; Fett: 54°; Minerale: 18°

19

Die größte Geschwindigkeit hat der Falke mit 350 $\frac{km}{h}$. Wenn du die Maßzahl mit 3 multiplizierst und das Komma um zwei Stellen nach links verschiebst, erhältst du ein schönes Säulendiagramm.
Gepard: 3,3 cm; Falke: 10,5 cm; Rennpferd: 2,7 cm; Schwalbe: ≈ 6,5 cm;
100-m-Läufer: ≈ 1,5 cm; Radrennfahrer: ≈ 1,6 cm

20

Wenn du pro Medaille 1 Kästchen nimmst, wird dein Diagramm maximal 15 cm hoch. Dabei fällt auf, dass die Anzahl der Medaillen nicht ausschlaggebend ist für die Rangliste im Medaillenspiegel. Norwegen als 13. hat beispielsweise viel mehr Medaillen als das sechstplatzierte Schweden. Es ist hier zunächst nach der Zahl der Goldmedaillen geordnet, dann bei gleicher Zahl der Goldmedaillen nach der Zahl der Silbermedaillen usw.

21

Die durchschnittliche Jahrestemperatur beträgt etwa 9,5°.

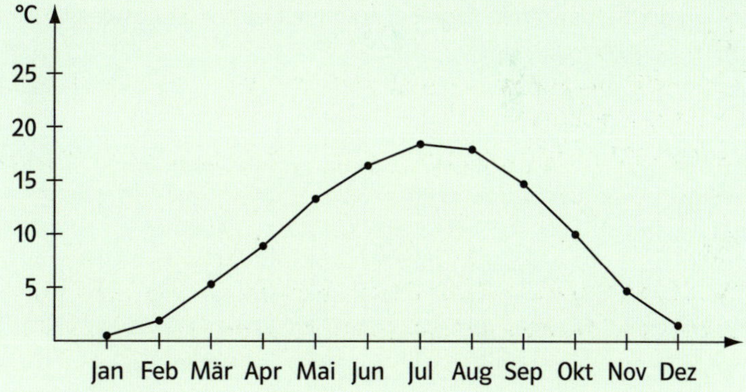

22

Luisa ist im Schnitt jeden Tag (2,4 km + 1,8 km + 2,2 km + 0,8 km + 1,5 km + 1,8 km + 1,2 km) : 7 ≈ 1,7 km geschwommen.

23

Alle Angaben sind Durchschnittswerte.

a) Der Mittelwert aller Arbeiten war 2,8. Das bedeutet nicht unbedingt, dass die eine Hälfte besser, die andere schlechter als 2,8 war.

b) Das bedeutet nicht, dass in Rom das ganze Jahr hindurch Tag und Nacht eine Temperatur von 15,4°C herrscht.

c) Halbe Tore kann niemand schießen.

d) Der Rennfahrer ist nicht ununterbrochen mit 212,63 $\frac{km}{h}$ gefahren.

Test

1

Rangliste: 1 1 2 2 3 3 3 4 <u>4</u> 4 5 6 6 7 8 9 9

Umfang: 17

Spannweite: 9 − 1 = 8

Mittelwert: $\frac{1+1+2+2+3+3+3+4+4+4+5+6+6+7+8+9+9}{17}$

Spannweite: 8

Zentralwert: 4

Mittelwert: 4,5 (3 P.)

2

a) In der Stadt regnet, hagelt und schneit es pro Jahr etwa 665 mm.

b) **Niederschläge in mm**

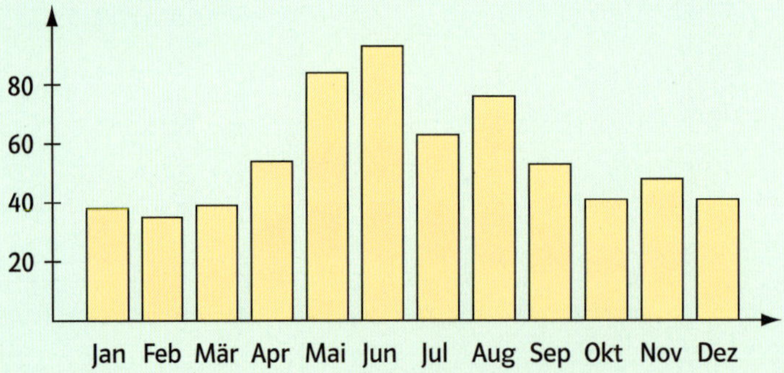

(je 1,5 P.)

3

Name	Stimmenzahl	Anteil	Prozent	Winkel im Kreisdiagramm
Caroline	152	$\frac{152}{380}=\frac{2}{5}$	**40 %**	**144°**
Daniel	**114**	$\frac{114}{380}=\frac{3}{10}$	30 %	**108°**
Romy	**76**	$\frac{1}{5}$	**20 %**	**72°**
Milena	**38**	$\frac{38}{380}=\frac{1}{10}$	**10 %**	**36°**

(5 P.)

4

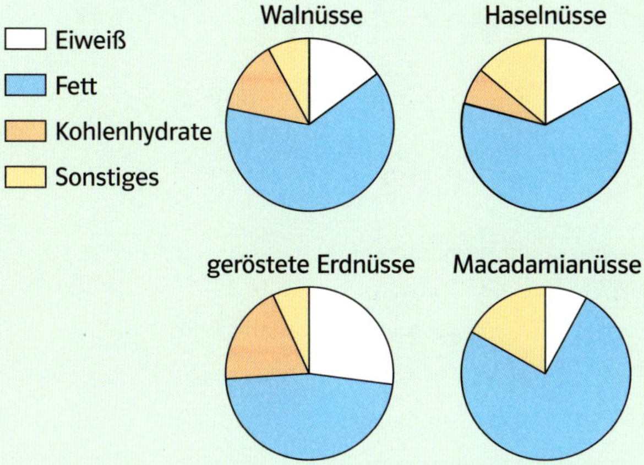

(je 1 P.)

5

a) Das Diagramm vermittelt den Eindruck, dass gegen Ende weit mehr Besucher da waren als am Rest des Abends.

b) Die Schülerzeitung ist dem Eindruck des Diagramms erlegen. Die Besucherzahlen zeigen, dass am Ende nicht einmal doppelt so viele Besucher in der Disco waren wie zu Beginn. (3 P.)

15 – 18 Punkte	12 – 14 Punkte	7 – 12 Punkte	0 – 6 Punkte
Prima, du hast dieses Kapitel gut verstanden! Nun kannst du das nächste Kapitel üben.	Das klappt ja schon recht ordentlich! Du kannst vieles recht gut, aber es könnte auch besser sein. Wiederhole die Übungen nochmal, die dir die Checkliste nennt.	Einiges hast du schon ganz gut gelöst, insgesamt sind deine Lücken aber noch zu groß. Wiederhole die Übungen nochmal, die dir die Checkliste nennt.	Es gibt bei dir noch sehr viele Unsicherheiten. Du musst noch mehr üben! Wiederhole die Übungen nochmal, die dir die Checkliste nennt.

7 Abhängigkeiten zwischen Größen

1

a) 3 km
b) Nach 1,8 km wurde die geringste Geschwindigkeit gemessen.
c) Die Geschwindigkeit nimmt ab.
d) Zwischen 0,5 km und 1,4 km befindet sich der längste gerade Streckenabschnitt.
e)

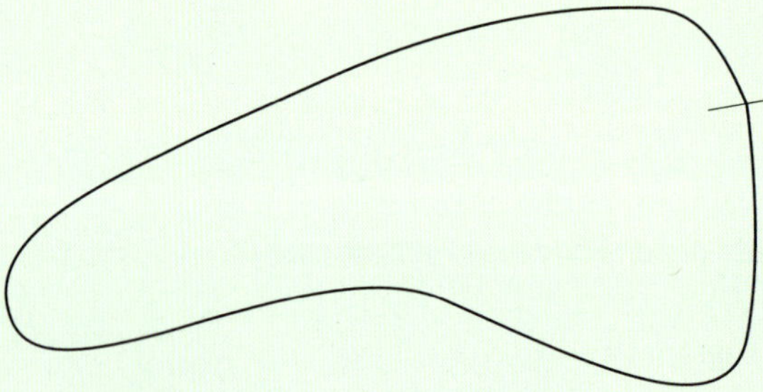

2

Etwa fünf Tage nach der Ansteckung beginnt die Krankheit mit einem Anstieg der Körpertemperatur auszubrechen. Das Fieber steigt kontinuierlich an, bis am 12. Tag die Höchsttemperatur mit 40,2 °C erreicht ist. Bis zum 21. Tag bleibt das Fieber fast konstant hoch, danach sinkt die Temperatur ab, bis der Körper am 26. Tag wieder fieberfrei ist.

3

Von Januar bis Mitte Februar steigt der DAX bis auf kleinere Schwankungen konstant an auf über 5500 Punkte. Danach folgt ein kleiner Einbruch auf etwa 5350 Punkte. Nach einem steilen Anstieg auf über 5600 Punkte setzt der DAX seinen kontinuierlichen Anstieg fort.

4

a) Die Tiefsttemperaturen hat Rom im Januar mit etwa 7 °C. Danach steigt die Temperatur an, bis sie in den Sommermonaten Juli und August mit ca. 24 °C den Höchststand erreicht. Danach sinken die Durchschnittstemperaturen fast gleichmäßig ab.
b) Die offizielle Durchschnittstemperatur ist 15,5 °C. Da du die Werte nicht genau ablesen kannst, genügt es, wenn dein errechneter Wert in etwa dem der Durchschnittstemperatur entspricht.

5

a)

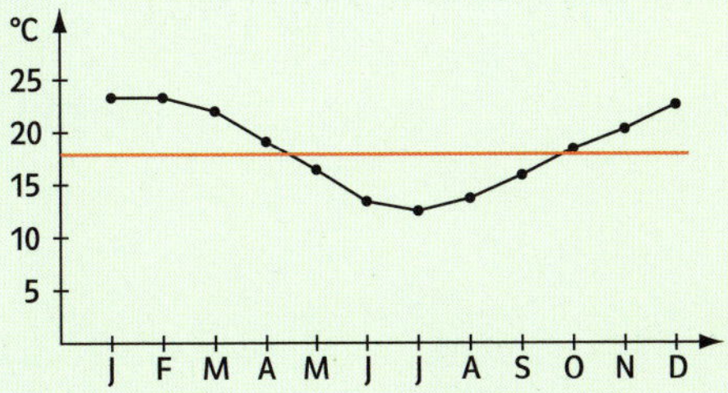

b) ≈ 17,9 °C

6

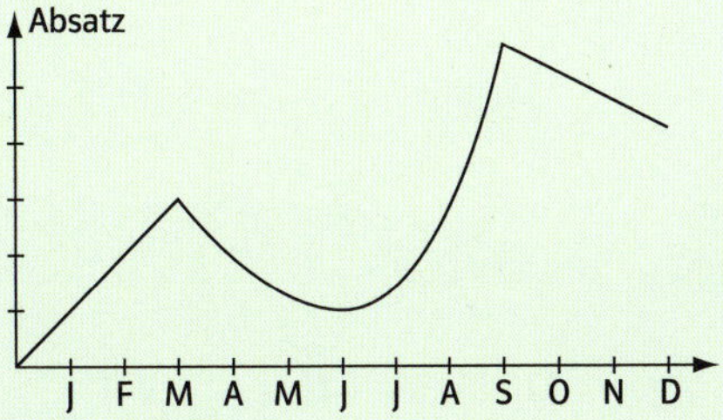

7

Nur bei Aufgabe b) darfst du den Dreisatz anwenden.

8

a) Auf 100 km verbraucht Herr Maier durchschnittlich 53 l : 6,2 ≈ 8,5 l Benzin.

b) Mit 30 l kommt er etwa 30 l : 8,5 l · 100 km ≈ 353 km weit.

9

Auf einen Einwohner entfallen $\frac{20}{15}$ m = $1,\overline{3}$ m;

auf 83,2 Mio. Menschen sind es dann 83 200 000 · $1,\overline{3}$ ≈ 110 900 000 m = 110 900 km.

10

a)

10 km ≙ 15 min

: 2 ↓ 5 km ≙ $7\frac{1}{2}$ min ↓ : 2

· 9 ↓ 45 km ≙ $67\frac{1}{2}$ min ↓ · 9

b)

15 min ≙ 10 km

: 3 ↓ 5 min ≙ $\frac{10}{3}$ km ↓ : 3

· 16 ↓ 80 min ≙ $\frac{160}{3}$ km = $53\frac{1}{3}$ km ↓ · 16

c) Die Berechnungen stimmen nur, wenn Frau Glücklich immer mit der gleichen Geschwindigkeit fährt.

11

250 g $\hat{=}$ 1,29 €
: 2,5 ... : 2,5
100 g $\hat{=}$ 0,516 €

400 g $\hat{=}$ 1,98 €
: 4 ... : 4
100 g $\hat{=}$ 0,495 €

750 g $\hat{=}$ 3,89 €
: 7,5 ... : 7,5
100 g $\hat{=}$ 0,519 €

Die größte Packung ist am teuersten.

12

5 Schüler $\hat{=}$ 2 h
: 5 ... · 5
1 Schüler $\hat{=}$ **10 h**
· 4 ... : 4
4 Schüler $\hat{=}$ **$2\frac{1}{2}$ h**

13

a)
30 Pferde $\hat{=}$ 20 Tage
: 3 ... · 3
10 Pferde $\hat{=}$ **60 Tage**
· 4 ... : 4
40 Pferde $\hat{=}$ **15 Tage**

b)
20 Tage $\hat{=}$ 30 Pferde
: 4 ... · 4
5 Tage $\hat{=}$ **120 Pferde**
· 5 ... : 5
25 Tage $\hat{=}$ **24 Pferde**

14

a)
40 Z $\hat{=}$ 36 S
: 10 ... · 10
4 Z $\hat{=}$ **360 S**
· 9 ... : 9
36 Z $\hat{=}$ **40 S**

b)
36 S $\hat{=}$ 40 Z
: 9 ... · 9
4 S $\hat{=}$ **360 Z**
· 8 ... : 8
32 S $\hat{=}$ **45 Z**

15

Wende auch hier wieder das bekannte Lösungsschema an.

a)
25 km $\hat{=}$ 6 Tage
: 5 ... · 5
5 km $\hat{=}$ **30 Tage**
· 6 ... : 6
30 km $\hat{=}$ **5 Tage**

b) $7\frac{1}{2}$ Tage

c) 37,5 km

16

a) 10 Tage

b) 6 Bagger

17

a) keine Lösung
b) keine Lösung
c) Lösung
d) keine Lösung
e) keine Lösung
f) Lösung

18

a) 24 b) 16 c) 9 d) 5 e) 7 f) 9 g) 3 h) $\frac{1}{2}$

19

① und ⑤; ② und ⑥; ③ und ④

20

$6x + 8 = 80$; $x = 12$

21

$8x - 13 = 59$; $x = 9$

22

$3x + 7 = 31$; $x = 8$

23

$\frac{1}{2}x + 23 = 30$; $x = 14$

24

$(2x + 8) : 2 = 7$; $x = 3$

25

$x + x + 1 = 21$; $x = 10$

26

$x + x - 1 + x + 1 - 5 = 13$; $x = 6$

27

$5x - 8 = 3x$; $x = 4$

28

a) $2{,}4\,€ + 1{,}5\,€ \cdot x$; $x = 25$, also $2{,}4\,€ + 1{,}5\,€ \cdot 25 = 39{,}90\,€$
b) $30\,€ = 2{,}4\,€ + 1{,}5\,€ \cdot x$; also $27{,}6\,€ = 1{,}5\,€ \cdot x$; $x = 18{,}4$. Herr Sparsam kann noch 18,4 km fahren.

29

a) $(8\,m - 2 \cdot 1\,m) : 2 = 3\,m$. Die Fläche ist dann $3\,m \cdot 1\,m = 3\,m^2$
b) Z.B. 2 m, denn $2\,m \cdot 2\,m = 4\,m^2$

30

x: Lukas
$x + x + 2 = 26$; also $x = 12$
Elisa ist also 14 Jahre, Lukas 12 Jahre alt.

31

x: Max
$2x + x + x - 6 = 62$; also $x = 17$
Max erhält also 17 Gummibärchen, Jasmin 34 und Linda 11.

32

x: Mario

$x + x - 8 + x - 6 = 31$; also $x = 15$

Mario bekam also 15 Stimmen, Nathalie 7 und Inga 9 Stimmen.

33

a) $U = 2\pi r \approx 12{,}6\,cm$ b) $U \approx 25{,}1\,cm$ c) $U \approx 2{,}1\,m$ d) $U \approx 1{,}57\,dm$

34

a) $r = \frac{U}{2\pi} \approx 1{,}6\,cm$; $d \approx 3{,}2\,cm$ b) $r \approx 11{,}5\,cm$; $d \approx 23\,cm$

c) $r \approx 0{,}2\,m$; $d \approx 0{,}4\,m$ d) $r \approx 8\,m$; $d \approx 16\,m$

35

a) $U \approx 67{,}9\,cm$ b) $r \approx 11{,}9\,cm$ c) $d \approx 18{,}5\,cm$

36

a) Der Umfang wird ebenfalls halbiert. b) Der Durchmesser wird verdoppelt.

37

Wie du aus den Abbildungen erkennst, sind alle Figuren aus Teilen von Kreisen zusammengesetzt, deren Durchmesser 4 cm bzw. deren Radius 2 cm beträgt. In der Summe der Teilkreise enthält jede Figur einen vollständigen Kreis.

Wenn du die Formel für den Kreisumfang benutzt, erhältst du $U = 2r\pi = 4\,cm \cdot \pi = 12{,}56\,cm$.

Alle Figuren haben den gleichen Umfang $U \approx 12{,}6\,cm$.

38

a) Rechnung mit einem Basketball ($U = 75\,cm$); neuer Umfang: $U = 85\,cm$;

$r = \frac{U}{2\pi} = \frac{75\,cm}{2\pi} \approx 11{,}9\,cm$; $r_{neu} = \frac{U_{neu}}{2\pi} = \frac{85\,cm}{2\pi} \approx 13{,}5\,cm$.

Der Abstand zwischen Ball und Schnur beträgt etwa 1,6 cm. Eine Ameise passt da gut durch.

b) Ja, denn auch hier beträgt der Abstand zwischen Erde und Schnur wieder 1,6 cm.

Rechnung: $r_{Erde} = \frac{U}{2\pi} = \frac{4\,000\,000\,000\,cm}{2\pi} \approx 636\,942\,675{,}2\,cm$

$r_{neu} = \frac{U_{neu}}{2\pi} = \frac{4\,000\,000\,010\,cm}{2\pi} \approx 636\,942\,676{,}8\,cm$

Diese Werte erhältst du, wenn du mit $\pi = 3{,}14$ rechnest.

39

a) $A = \pi r^2 \approx 12{,}6\,cm^2$ b) $A \approx 50{,}3\,cm^2$ c) $A \approx 0{,}3\,m^2$ d) $A \approx 0{,}2\,dm^2$

40

$A_{Mittelkreis} = \pi r^2 = \pi \cdot (1{,}8\,m)^2 \approx 10{,}2\,m^2$

41

a) Wird der Radius verdoppelt, so vervierfacht sich der Flächeninhalt.
b) Wird der Flächeninhalt geviertelt, halbiert sich der Radius.

42

$r = \frac{60\,cm}{2\pi} \approx 9{,}5\,cm$; $A = \pi r^2 \approx 283{,}5\,cm^2$

43

Wähle z.B. als Radien $r_1 = 1$ und $r_2 = 2$.
Dann ist $U_1 = 2\pi r_1 = 2\pi$ und $U_2 = 2\pi r_2 = 4\pi$, $A_1 = \pi r_1^2 = \pi$ und $A_2 = \pi r_2^2 = 4\pi$.
Der Umfang des größeren Kreises ist also doppelt, der Flächeninhalt viermal so groß wie der des kleineren Kreises.

Test

1

a) $300 + 7 \cdot 60 = 720$ Jana kann jetzt 720 Vokabeln.
b) Jana müsste $(888\text{ Tage} - 300\text{ Tage}) : 7 = 84\text{ Tage}$ lernen. (je 1 P.)

2

a) Start der Etappe ist in Courchevel. Nach einer zuerst steilen, dann flacher werdenden Abfahrt folgt der Anstieg zum Col de la Madeleine, der nach 55 km erreicht ist. Am Fuß des Berges, nach 98 km, findet die erste Sprintwertung statt. Nach dem Aufstieg zum Col du Télégraphe nach 110 km und einer kurzen Abfahrt steht der 33 km lange Aufstieg zum Col du Galibier an. Nach der letzten Abfahrt und einer Sprintwertung in Moulin-Baron endet die Etappe in Briançon.
b) Sprintwertungen gibt es nach 98 km in St.-Michel-de-Maurienne und nach 162 km in Moulin-Baron.
c) Der höchste Punkt der Etappe, der Col du Galibier, ist nach 133 km erreicht.

(je 1 P.)

3

a)

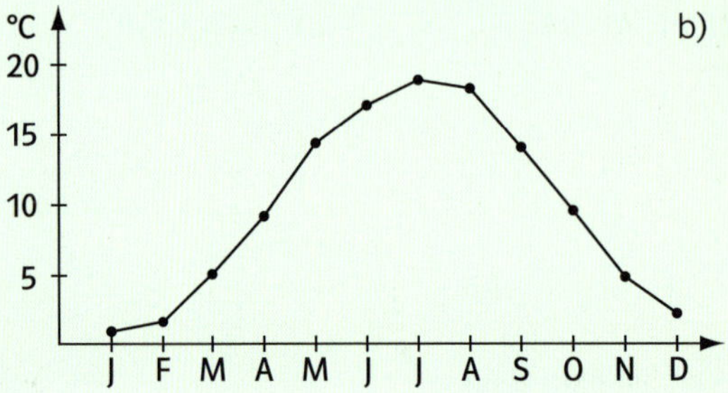

b) Die jährliche Durchschnittstemperatur von Berlin beträgt ≈ 9,2 °C.

(je 1,5 P.)

4

Hier kannst du mit dem Je-mehr-desto-mehr-Dreisatz rechnen.

$$35\,l \;\hat{=}\; 43{,}75\,€$$
$$:7 \qquad :7$$
$$5\,l \;\hat{=}\; 6{,}25\,€$$
$$\cdot 10 \qquad \cdot 10$$
$$50\,l \;\hat{=}\; 62{,}50\,€$$

50 l kosten also 62,50 €. (2 P.)

5

a) $A_{Acker} = 35\,m \cdot 18\,m = 630\,m^2$ $\quad b = \frac{A}{a} = \frac{630\,m^2}{15\,m} = 42\,m$

b) $b = \frac{A}{a} = \frac{630\,m^2}{14\,m} = 45\,m$ (je 1 P.)

6

Du kannst die Gleichungen durch Umkehraufgaben lösen.

a) $3x + 5 = 17$
$17 - 5 = 3x$
$12 = 3x$
$x = 4$

b) $x = 5{,}5$

c) $x = 28$

d) $x = 1$

(je 1 P.)

7

Vertrag 1: 2738 € + 30 · 22 € = 3398 €
Vertrag 2: 2845 € + 30 · 16 € = 3325 €
Maries Mutter sollte also Vertrag 1 wählen.

(4 P.)

8

a)

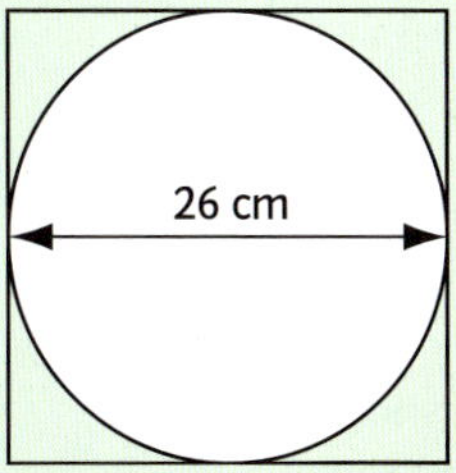

Die Schachtel muss mindestens
$26\,\text{cm} \cdot 26\,\text{cm} = 676\,\text{cm}^2$ groß sein.

b) Die Serviette hat eine Fläche von $\pi \cdot (13\,\text{cm})^2 \approx 531\,\text{cm}^2$. (je 1 P.)

9

$A_{\text{Figur}} = A_{\text{großer Kreis}} - A_{\text{kleiner Kreis}}$
$= \pi \cdot (2\,\text{cm})^2 - \pi \cdot (1\,\text{cm})^2$
$\approx 9{,}42\,\text{cm}^2$

$U_{\text{Figur}} = U_{\text{großer Kreis}} + U_{\text{kleiner Kreis}}$
$= \pi \cdot 4\,\text{cm} + \pi \cdot 2\,\text{cm}$
$\approx 18{,}85\,\text{cm}$ (je 1 P.)

19 – 24 Punkte	13 – 18 Punkte	7 – 12 Punkte	0 – 6 Punkte
Prima, du hast dieses Kapitel gut verstanden! Nun kannst du das nächste Kapitel üben.	Das klappt ja schon recht ordentlich! Du kannst vieles recht gut, aber es könnte auch besser sein. Wiederhole die Übungen nochmal, die dir die Checkliste nennt.	Einiges hast du schon ganz gut gelöst, insgesamt sind deine Lücken aber noch zu groß. Wiederhole die Übungen nochmal, die dir die Checkliste nennt.	Es gibt bei dir noch sehr viele Unsicherheiten. Du musst noch mehr üben! Wiederhole die Übungen nochmal, die dir die Checkliste nennt.